“十四五”普通高等教育本科部委级规划教材
嘉兴大学 2020 年实践教学专项改革研究项目（SJZY20072307-012）

SHIYONG SHIZHUANGHUA JIFA

实用时装画技法

刘文　沈菲　编著

中国纺织出版社有限公司

内 容 提 要

本书为“十四五”普通高等教育本科部委级规划教材。

本书介绍和展示了人体画法，面部、手、脚、款式图画法，时装画表现技法，不同面料表现技法，综合时装画赏析以及企业设计稿展现等。以实用为导向，手绘、电脑相结合，校园、企业相结合，线上、线下相结合（智慧树平台——时装画技法），达到静态、动态相结合的效果。具体的绘制方法及内容讲解，在本书也配有同步的视频演示。

本书既可作为高等院校服装专业教材，也可作为服装设计及服饰文化爱好者的参考书。

图书在版编目（CIP）数据

实用时装画技法 / 刘文，沈菲编著 . -- 北京：中国纺织出版社有限公司，2024.3

“十四五”普通高等教育本科部委级规划教材

ISBN 978-7-5229-1207-3

Ⅰ. ①实…　Ⅱ. ①刘…　②沈…　Ⅲ. ①时装－绘画技法－高等学校－教材　Ⅳ. ① TS941.28

中国国家版本馆 CIP 数据核字（2023）第 213925 号

责任编辑：郭　沫　魏　萌　　　责任校对：寇晨晨

责任印制：王艳丽

中国纺织出版社有限公司出版发行

地址：北京市朝阳区百子湾东里 A407 号楼　邮政编码：100124

销售电话：010—67004422　传真：010—87155801

http://www.c-textilep.com

中国纺织出版社天猫旗舰店

官方微博 http://weibo.com/2119887771

北京通天印刷有限责任公司印刷　各地新华书店经销

2024 年 3 月第 1 版第 1 次印刷

开本：787 × 1092　1/16　印张：10.75

字数：208 千字　定价：59.80 元

前言
PREFACE

“致天下之治者在人才，成天下之才者在教化，教化之所本者在学校。”为了加快实施创新驱动发展战略，实现人民群众对美好生活的期待，国家对教育提出了更高的要求。地方性本科院校走应用型发展道路，已经成为国家的一项重大决策。本教材作为服装专业的基础性教材，内容翔实、图文并茂、易学易懂、实操性强，以实用为导向，能够为服装专业的学习奠定坚实的基础，符合当下教学理念及企业的需求，可以有效提升教学的实效性，并促进学生的未来发展。

本教材共分七章。第一章绪论，介绍了课程目的、主要内容，并举实例进行了作品赏析。第二章人体画法，分别对女性人体、男性人体、儿童人体、少年人体的绘制方法进行了讲解和展示。第三章面部、手、脚、款式图画法，分别介绍了面部、手、脚、款式图的绘制方法，并对款式图的手绘方法进行了模板应用式的介绍。第四章时装画表现技法，介绍了时装画表现技法中的水彩、彩色铅笔、马克笔、粘贴、电脑辅助的表现技法。第五章不同面料表现技法，进行了多种面料表现的实例讲解。第六章综合时装画赏析，选取了具有代表性的考研备考作品和在国内外服装设计大赛中获奖的时装画作品进行讲解和赏析，具有示范性。第七章企业设计稿展现，选取了雅莹集团股份有限公司、宁波玖岳服饰有限公司、杭州源墨服饰有限公司、嘉兴市一布一生设计有限公司、杭州爱唯服饰有限公司的生产设计稿，具有实战性。

习近平总书记在党的二十大报告中指出：“推进文化自信自强，铸就社会主义文化新辉煌。”文化自信是一个国家、一个民族对自身文化价值的充分肯定，是对自身文化生命力的坚定信念，是一个国家、一个民族发展中最基本、最深沉、最持久的力量。没有高度文化自信，没有文化繁荣兴盛，就没有中华民族伟大复兴。本教材的编写、案例的选取注重文化自信自强的渗入，如第六章第三节民族性与世界性的体现，做到教学与思政相结合，激发大学生文化创新创造活力，增强实现中华民族伟大复兴的精神力量。为推动中国文化更好地走向世界，不断提升国家文化软实力和中华文化影响力贡献绵薄之力。

本教材中选用了多名老师指导的大量学生作品及企业设计稿。指导老师：徐慧明、刘颖、李雅靓、刘鹤、余美莲、刘艳梅、叶洁、杨俊、邓洪涛。往届及在校学生（按教材中出现顺序）：邵佳慧、厉若雯、徐克、陈可欣、龚慧淋、曾茜、谢莉艳、胡诗倩、沈菲、陶源沁、华燕群、胡高阳、沈滢、王佳玥、宋嘉怡、黄欣怡、王璐莹、余辉、周彤、方羽艳、戴月莲、沈宇清、何依玲、章红、胡灵巧、瞿丽文、王一如、万明雨、马芳芳、翁东东、金灿、吴国富、郭昱龙、何萱、周瑛琦、岳贝娆、刘瑶瑶、顾齐萌、胡庆瑞、汪佳瑶、顾雅宜、林思怡、郑鹏辉、王可、鲁晓芬、胡城凤、祁泽宇、尤佳杰、周益凯；另外，中国美术学院硕士研究生陈格尔也提供了作品。企业设计师：楼千婷、孙秋丹、邴楠楠、陈君明、彭玉晶、金雯叶、曾宇。本教材邀请了中国美术学院硕士研究生沈菲参与编写，同时在智慧树平台上进行同步技法演示。教材第四章第五节电脑辅助表现技法中的电脑款式图绘制过程和电脑效果图绘制过程内容由嘉兴丽豪制衣有限公司设计师楼千婷编写，同时在智慧树平台上进行同步演示及讲解。

教材出版在即，感谢以上老师们、学生们、多家企业及设计师的大力支持！在编写过程中，还借鉴了以下老师、设计师的作品：胡晓东、Bill Thames、白湘文、赵惠群、余子砚、郭培、吕芳，参见了小红书灵子工作室作品、小红书@Chunran春然作品，款式图绘制稿选用了部分品牌在销售平台上的服装，效果图选取了大量国际秀场图，一并表示感谢！

由于作者水平所限，不足之处，敬请广大读者批评指正！

刘文

2023年金秋

目录

CONTENTS

第一章

绪论

P

Practical Fashion
Painting Techniques

一、课程目的

时装画技法课程为服装与服饰设计专业及服装设计与工程专业的专业基础课，其教学目的在于为后续课程打下坚实的基础，为服装设计提供扎实的技法能力。

图1-1～图1-3为综合服装设计作品，需具备时装画技法基础知识方能高质量完

图1-1

图1-2

成，因此，时装画技法作为专业基础课，是必不可少的。有些人认为计算机时代不需要手绘训练，这是错误的观点，正确的观点应该是两手都要抓，两手都要硬，应将手绘技法与计算机技法相结合，使二者相辅相成。

图1-3

二、主要内容

时装画的主要内容包括效果图和款式图两部分。除此之外，一幅完整的时装画作品还应包括主题名称、灵感源、设计说明、工艺说明、面料小样、色彩版等。

时装画的实训思路是围绕两条线完成的，第一是效果图，第二是款式图。在效果图中强调骨骼、肌肉、手、脚、面部、人体的表现，最后着装，学会使用不同技法进行不同面料、不同风格效果图的表达。款式图强调服装的结构、工艺、装饰等细节。

（一）效果图

效果图是将服装穿在模特身上进行绘制展示，模特以不同动态展示服装的款式、色彩、材质、纹样等效果，模特的动作及风格可以更好地展现服装的设计感及整体特色，服饰形象一目了然，具有视觉冲击力和整体感。效果图的作用在于指导生产和便于欣赏。图1-4的两款服饰为雅莹集团股份有限公司的效果

图1-4

图，不但是服装制板师制板的依据，而且具有一定的观赏性。

（二）款式图

款式图是将服饰正面、背面的平铺状态绘制清楚，重视结构和工艺细节的表达。款式图的作用在于指导生产和进一步明确服装结构及工艺，是对效果图的完善和补充。图1–5为浙江格莱美服装有限公司的生产单，以款式图的形式体现工艺细节，非常翔实，为制板师及样衣工提供直观依据，具有很强的实用性。

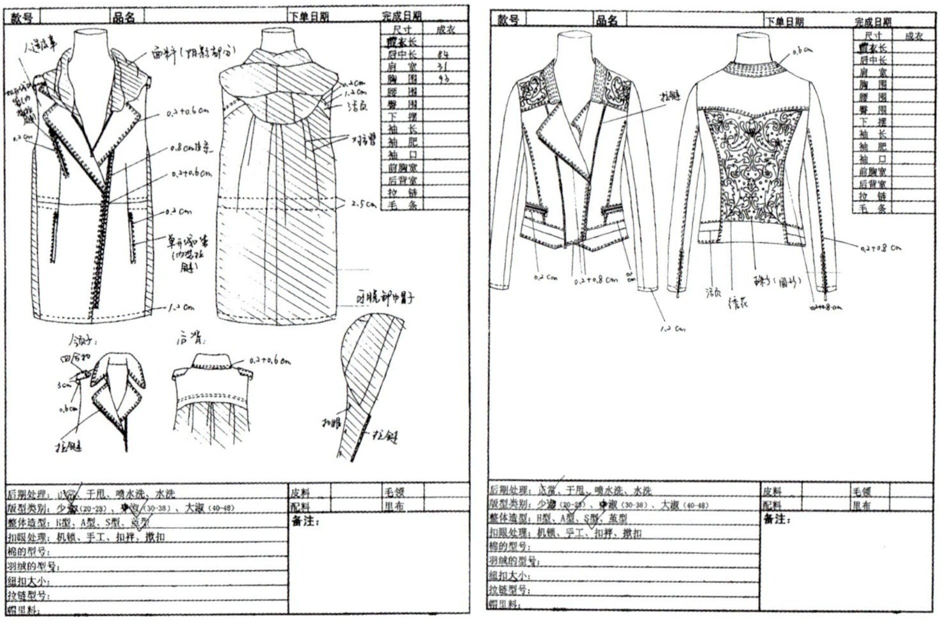

图1–5

三、作品赏析

下面通过代表性作品对效果图及款式图进行赏析，也对后面章节内容有一个形象的认识。

（一）效果图赏析

图1–6主题为“OFFICE CHIC”，获2020年嘉兴大学“华灿奖”两岸新锐设计竞赛二等奖。设计说明：通过廓型、图案、色彩等，表现出职场女性在精明干练之外的精致优雅，不要因为她们的辛勤睿智而忽略了她们的美丽。服装整体提取了钟表、齿轮、办公室的配色，在廓型上也应用了这些元素。装饰图案是女性日常用的化妆品的转绘变形，在平面上排列组合形成。在面料上多采用皮质，凸显女性的成

熟魅力。一个系列五款服装，为了突出核心款，将其放大强调，作品色彩张扬，少种色达到多种色的效果，注重细节刻画，不失整体感。

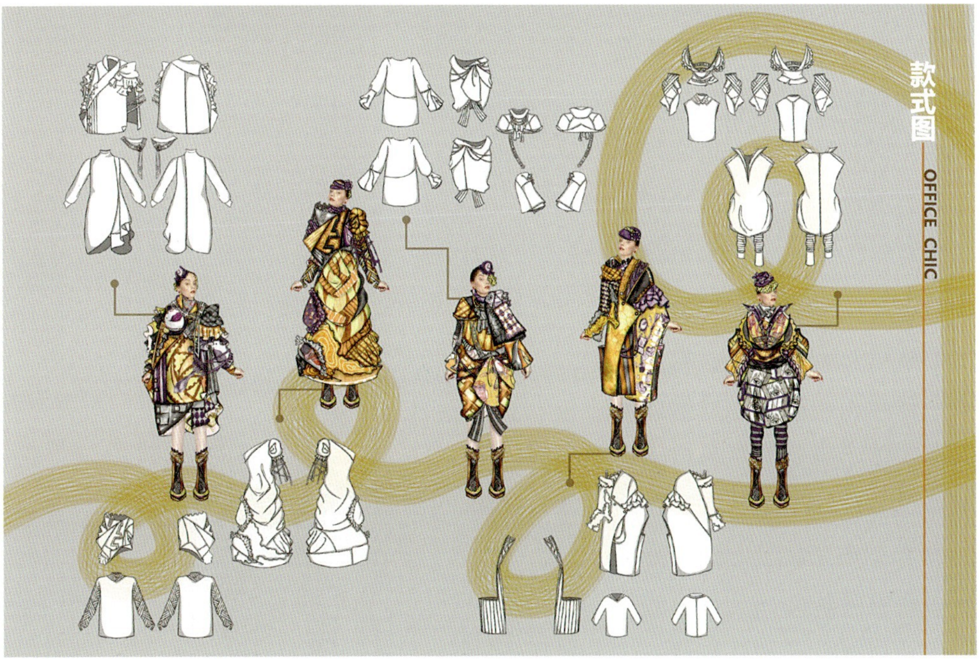

图1-6

图1-7主题为“Freedom Or Tie？”，获第二十四届“真皮标志杯”中国国际皮革裘皮时装设计大赛效果图优秀奖。设计说明：本系列作品运用黑、白、灰色系体现病床患者的无彩色心理，面料使用不规则的粒状纹理纱线，色织提花，通过扎染、晕染等不均匀的染色效果，表达对生命形态的理解。工艺运用细、中针距的平纹针织营造出服装与人体的贴合感，条纹、钩编、垂坠与平针线缝、不规则手工线缝，为利落轮廓增添了原始手工质感，更加贴近“生命”这一本真主题。

（二）款式图赏析

时装画仅仅画出效果图是不够完整的，因为服装最终的表达形式是动态的，是必须通过裁剪和缝制完成的，所以，具体到每件衣服，画出其结构，即款式图才是完整的时装画。

图1-8系列作品，进行了不同款式图的绘制，详细而准确地表达了服装的结构，更好地体现了设计思路，成功入围2022年“中华杯·太酷”大学生毕业季服装设计大赛，并获最佳设计奖。作品灵感源于社交恐惧症，随着当今社会网络

图1-7

FOCUS ON YOURSELF
中华杯 · 太酷大学生毕业季服装设计大赛
GRADUATION SEASON COSTUME DESIGN COMPETITION FOR COLLEGE STUDENTS

FOCUS ON YOURSELF
中华杯 · 太酷大学生毕业季服装设计大赛
GRADUATION SEASON COSTUME DESIGN COMPETITION FOR COLLEGE STUDENTS
Look1
正面
拉链
背面
正面
背面
拉链
正面
背面
Look2
正面
背面
正面
背面
正面
背面

图1-8

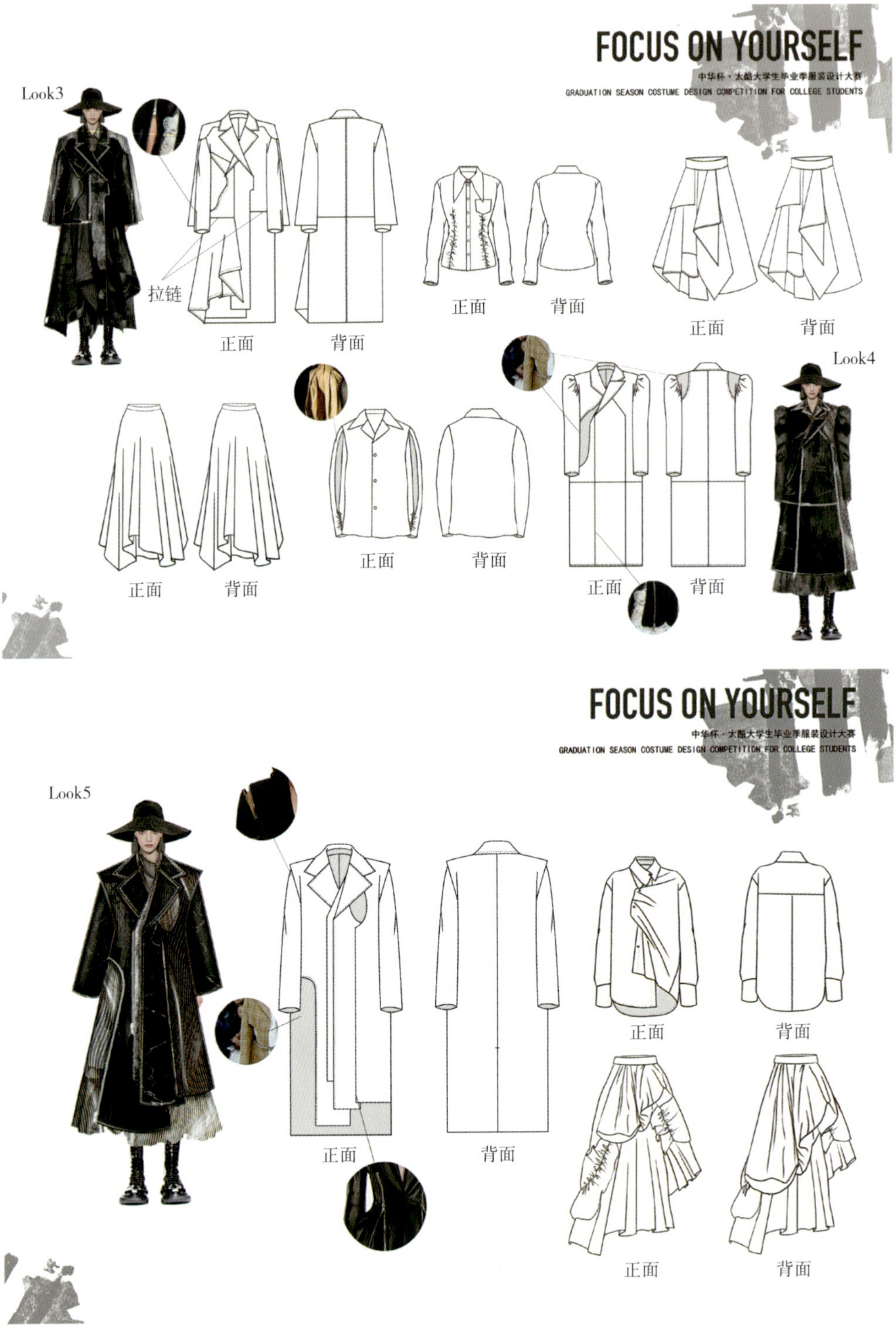
FOCUS ON YOURSELF
中华杯·太酷大学生毕业季服装设计大赛
GRADUATION SEASON COSTUME DESIGN COMPETITION FOR COLLEGE STUDENTS
Look3
拉链
正面
背面
正面
背面
正面
背面
Look4
正面
背面
正面
背面
正面
背面
FOCUS ON YOURSELF
中华杯·太酷大学生毕业季服装设计大赛
GRADUATION SEASON COSTUME DESIGN COMPETITION FOR COLLEGE STUDENTS
Look5
正面
背面
正面
背面
正面
背面

图 1–8

社交的发展，导致人们越来越不知道如何与人相处，内心孤独，渴望社交，但又不敢主动与他人交往，或者过多关注“别人眼中的自己”，当过多在意他人的看法时，就容易讨好别人而委屈自己，所以我们应该多多关注自己，为自己想做的事全力以赴，因为这是属于你的人生。

图1-9的作品不但展现了灵感源、设计说明、效果图、款式图、面料等，还展示了后续成衣效果，获浙江省第四届大学生服装服饰创意设计大赛一等奖。作品旨在表现人性平等，思想突破身体的束缚，打破现实中性别不同造成的某种特定情境下的思维定式，唤醒性别界限的魅力。

图1-9

图1-9

图1-10的三个款式图是依据秀场图片进行练习的效果，对款式、面料及细节的把握尤为准确，绘制精细、生动，这一过程是精心研究、琢磨的过程，为今后独立设计打下坚实的基础。

图1-10

（三）欣赏性与实用性

1.欣赏性

时装画具有欣赏性。图1-11（a）（b）（c）采用写实绘制手法，运用水彩表现技法，具有很强的装饰性，绘画手法娴熟，将时装画的欣赏性表现得淋漓尽致；图1-11（d）主要运用彩色铅笔表现技法，对人物造型、服装面料、款式、色彩、图案的把握非常精准，形象而生动，具有很强的欣赏性。

（a）

（b）

（c）

（d）

图1-11

2.实用性

图1-12的图案及成衣作品是雅莹集团股份有限公司创作的2022年虎年新款，在追求美的同时，具有很强的市场性和实用性。

图1-13是雅莹集团股份有限公司的系列服装设计作品，可以看出面料的综合系列运用，展现了服装产品的系列美感。可见，效果图在企业生产中具有实用指导的作用。

图1-14是嘉兴市一布一生设计有限公司的日常设计稿，采用电脑款式图的表达方式，使服装制板师一目了然，非常实用，具有指导生产的作用。

图1-15是杭州源墨服饰有限公司的手绘设计稿，以手绘款式图的形式体现，绘制熟练、直接、迅速，体现出时装画的生产实用性。

图1-12

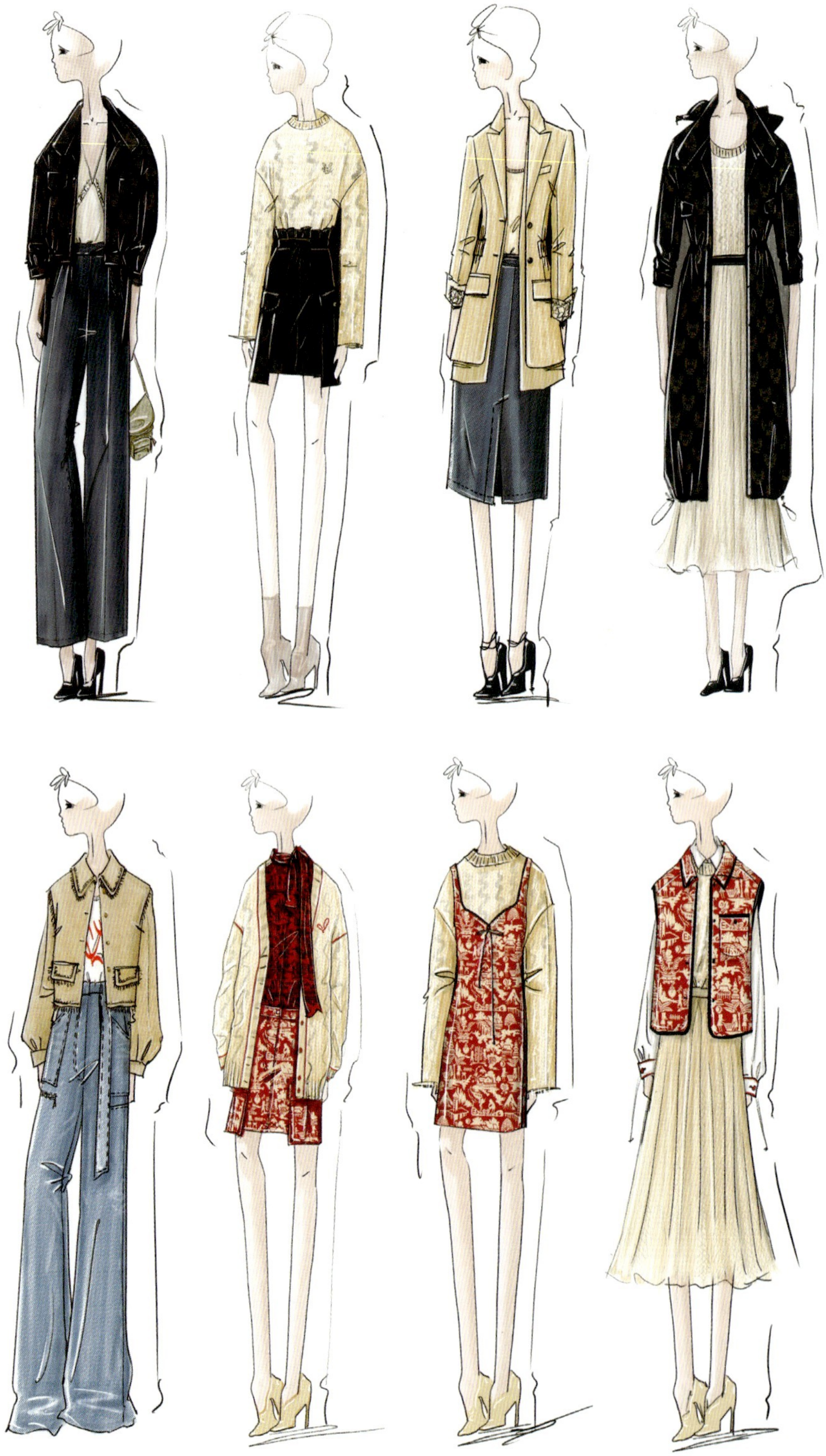

图 1–13

一布一生|设计稿

编号：DV19093APW

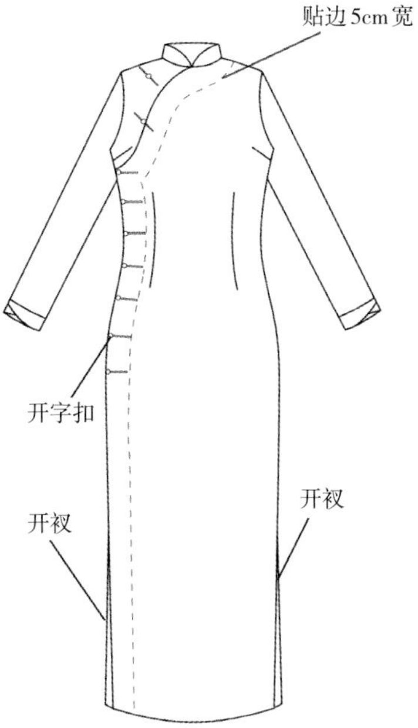

正面图

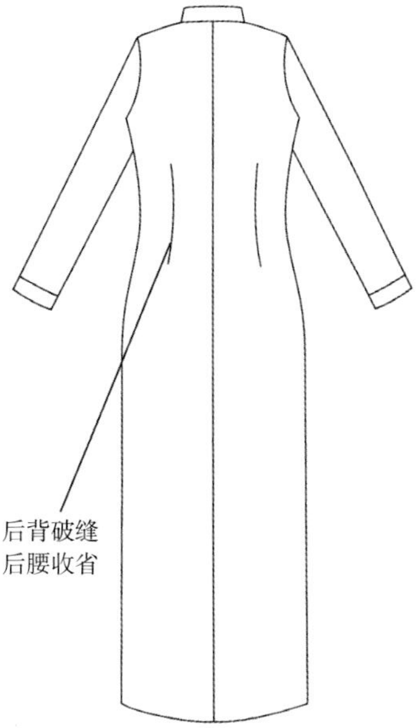

背面图/细节

头样尺码：M

单位：cm

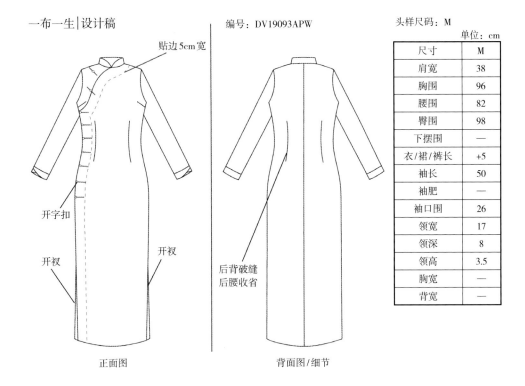

尺寸	M
肩宽	38
胸围	96
腰围	82
臀围	98
下摆围	—
衣/裙/裤长	+5
袖长	50
袖肥	—
袖口围	26
领宽	17
领深	8
领高	3.5
胸宽	—
背宽	—

一布一生|设计稿

编号：SJ19080ATW

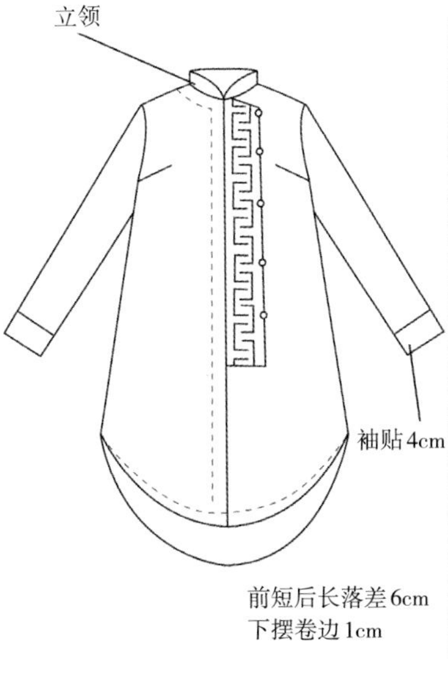

正面图

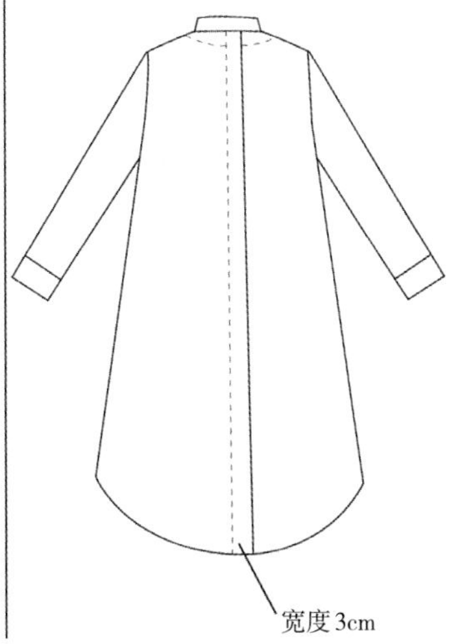

背面图/细节

头样尺码：M

单位：cm

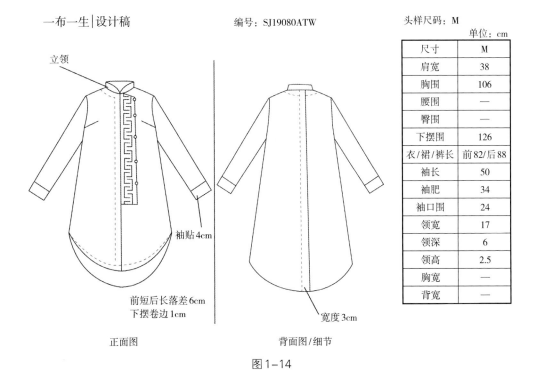

尺寸	M
肩宽	38
胸围	106
腰围	—
臀围	—
下摆围	126
衣/裙/裤长	前82/后88
袖长	50
袖肥	34
袖口围	24
领宽	17
领深	6
领高	2.5
胸宽	—
背宽	—

图1–14

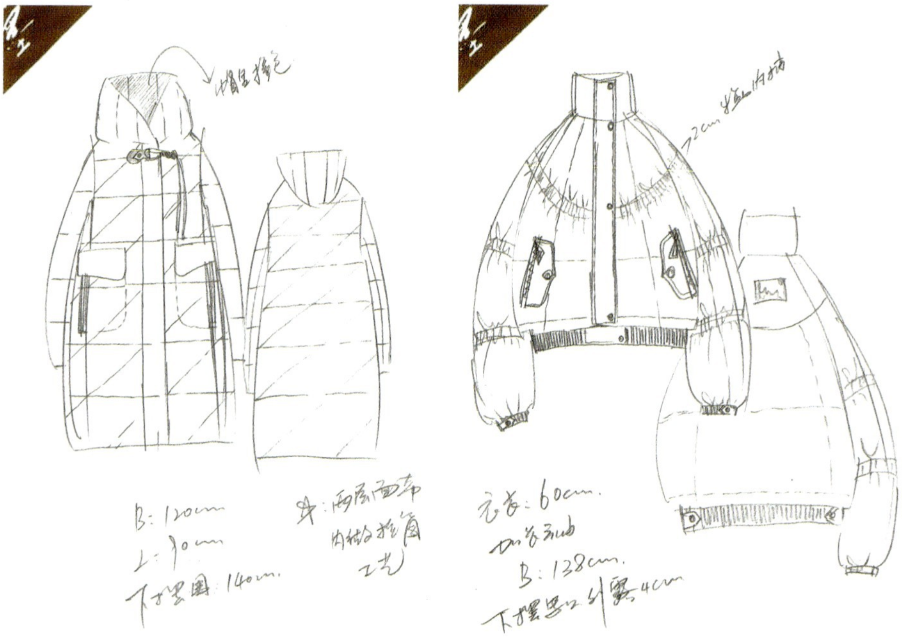

图1-15

图1-16是宁波玖岳服饰有限公司的电脑款式图设计稿，以字母标注区分面料，左右拼接拼色的设计效果表现得非常直观。

图1-17是杭州爱唯服饰有限公司的设计师打板通知单，内容包括效果图、款式图、面料小样、工艺说明等。

综上所述，企业时装画，无论以效果图还是款式图的形式表现，无论是电脑绘制还是手绘完成，均体现了其实用性特色。

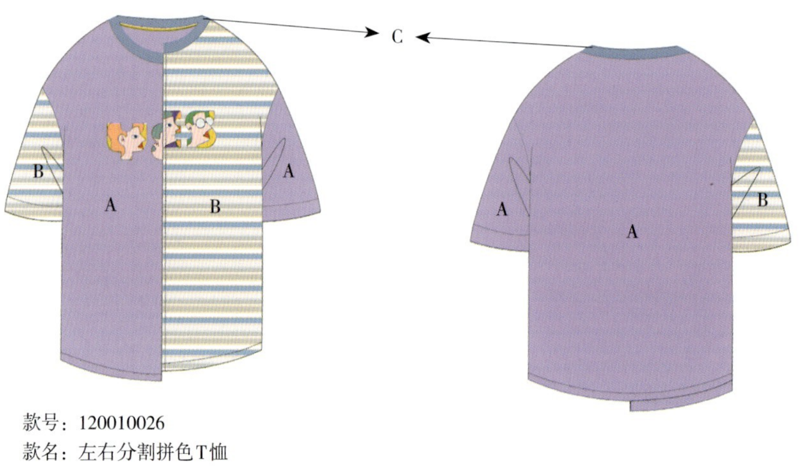

图1-16

图1-17

思考与练习

1. 学习时装画技法课程的目的是什么?
2. 手绘时装画与电脑绘制时装画的关系是什么?
3. 完整的时装画包括的内容有哪些?
4. 时装画的作用是什么?

第1章 图片作者

邵佳慧(图1-1)
厉若雯(图1-2)
徐克、陈可欣(图1-3、图1-10)
邴楠楠(图1-4、图1-13)
龚慧淋(图1-5)
曾　茜(图1-6、图1-7)
楼千婷(图1-8)
谢莉艳、楼千婷、胡诗倩(图1-9)
沈菲、陶源沁(图1-11)
孙秋丹(图1-12)
彭玉晶、华燕群(图1-14)
陈君明(图1-15)
金雯叶(图1-16)
曾　宇(图1-17)

第二章

人体画法

P

Practical Fashion
Painting Techniques

第一节 | 女性人体画法

一、直立女性人体画法

正常人体的头身比例是7个半头高，而时装人体需要拉长头身比例，通常在8个半、9个，甚至9个半头高及以上。在绘制女性人体时，还要注重女性人体特征的把握，即肩窄、腰细、臀宽。图2-1～图2-3为直立女性人体的正面、侧面、背面。

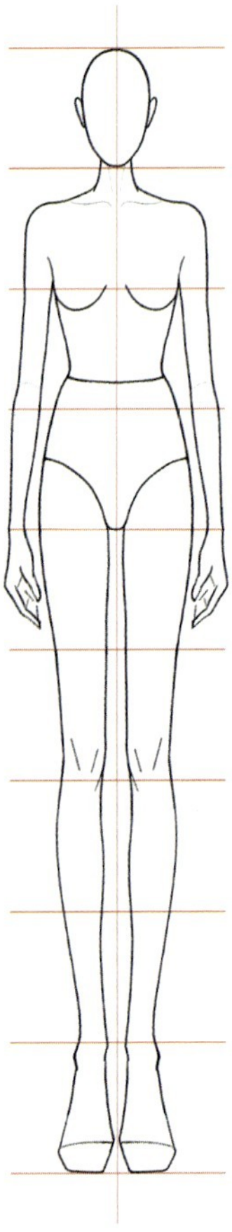

图2-1

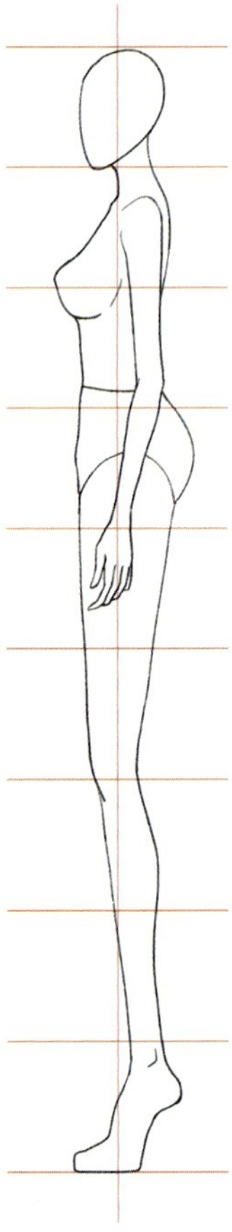

图2-2

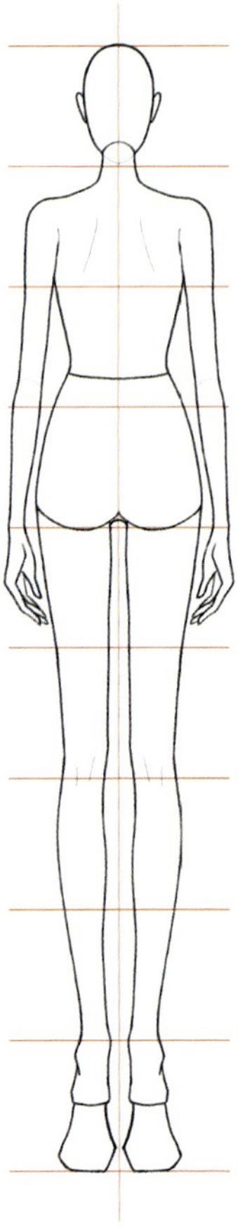

图2-3

二、动态女性人体画法[1]

动态女性人体的动势线与重心线不再重合，根据动作的不同而改变，如图2-4所示。

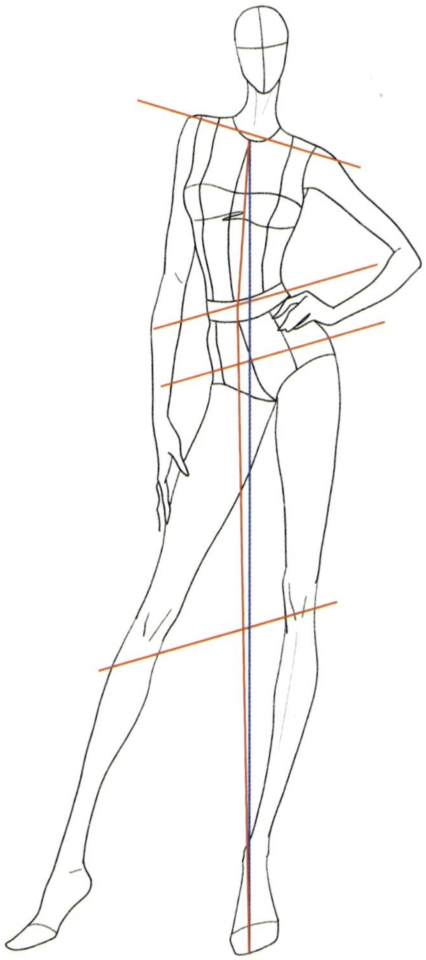

图2-4

三、动态女性人体示例

图2-5为多个动态女性人体绘制示例，在绘制过程中注意肩线、腰线、臀线的倾斜改变，注意动势线及重心线的关系把握，着重体会女性人体的曲线之美。

---

❶ 胡晓东. 服装设计图人体动态与着装表现技法[M]. 武汉：湖北美术出版社，2009.

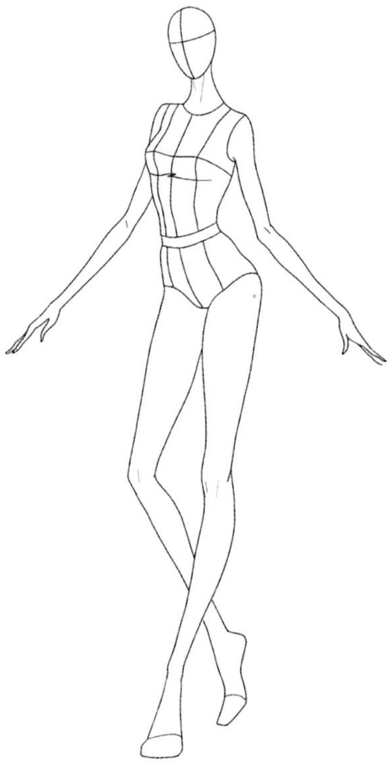

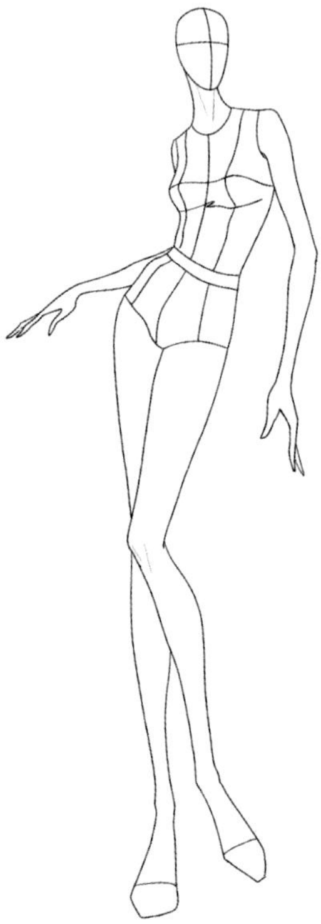

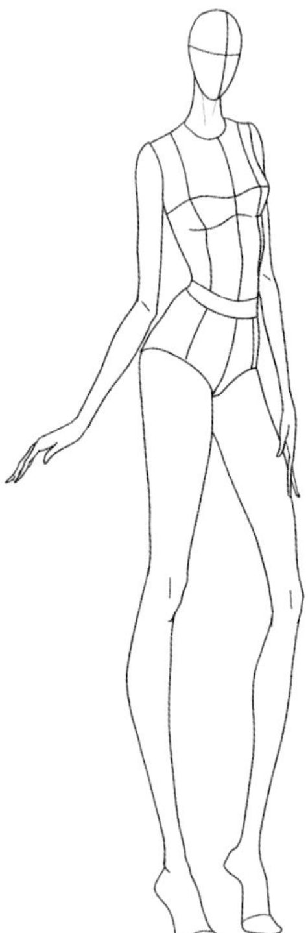

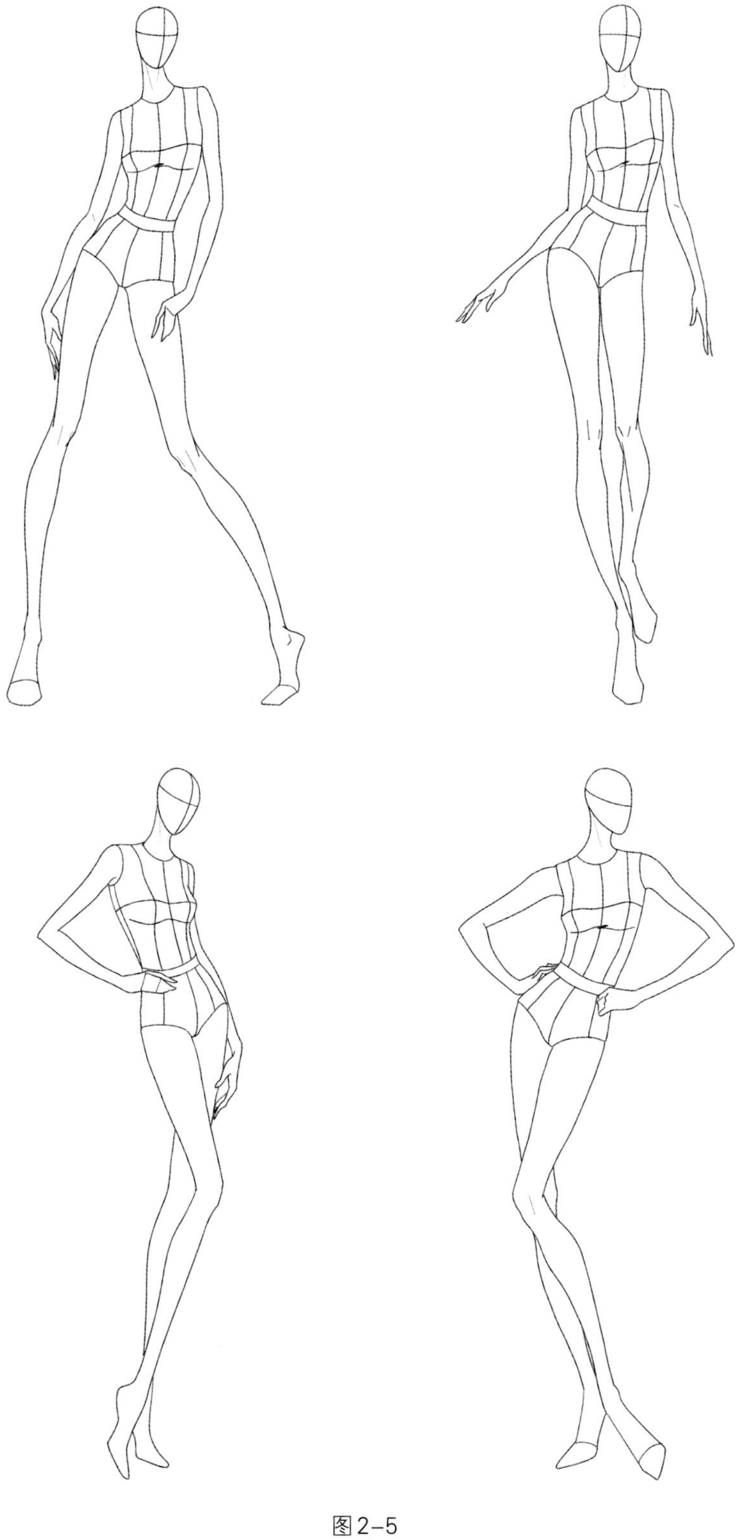

图 2-5

第二节 | 男性人体画法

一、直立男性人体画法

男性人体与女性人体不同之处在于，男性人体肩宽、腰粗、臀窄。图2–6～图2–8为直立男性人体的正面、侧面、背面。

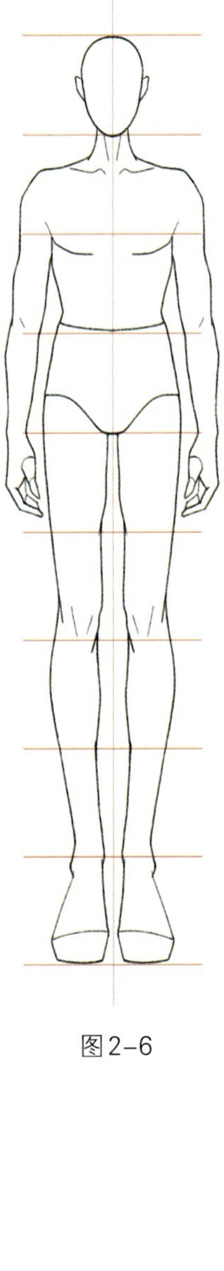
图2–6

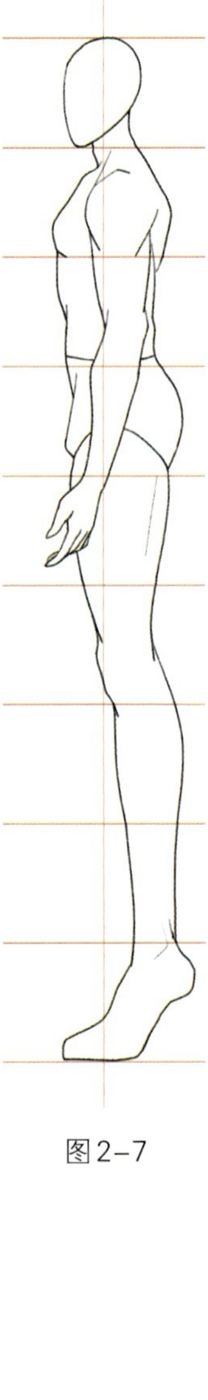
图2–7

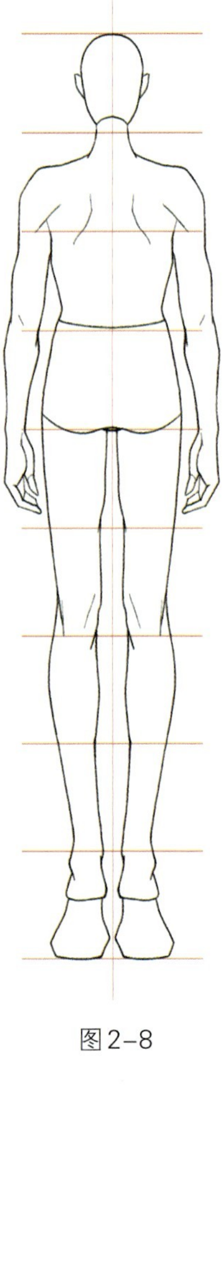
图2–8

二、动态男性人体画法[1]

动态男性人体中的动势线与重心线不再重合，根据动作的不同而改变，如图2-9所示。

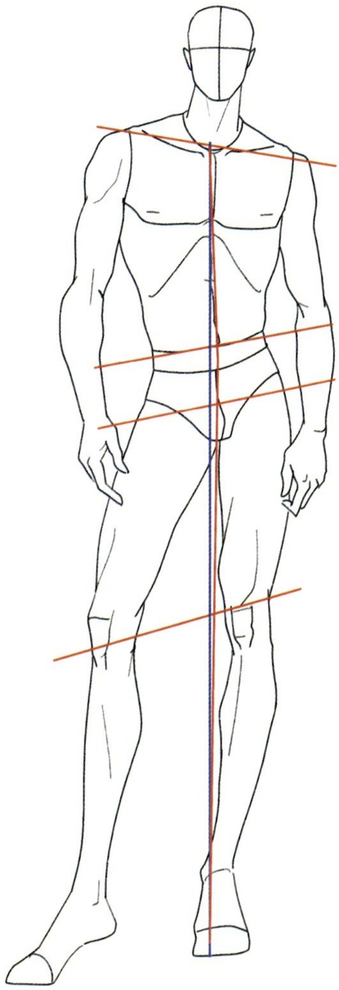

图2-9

三、动态男性人体示例

图2-10为多个动态男性人体绘制示例，在绘制过程中要着重体会男性人体与女性人体的不同之处。

❶ 胡晓东.服装设计图人体动态与着装表现技法[M].武汉：湖北美术出版社，2009.

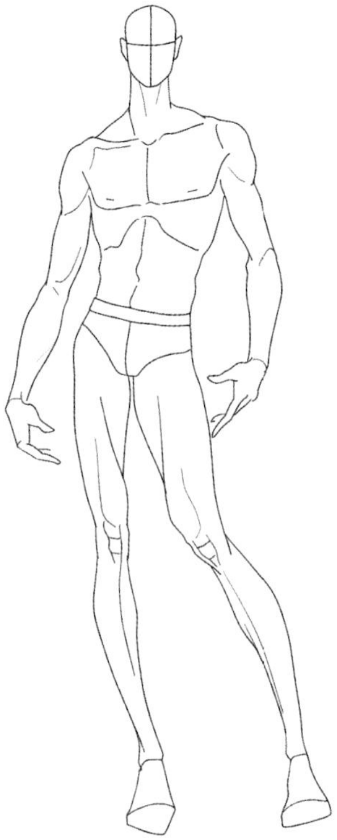

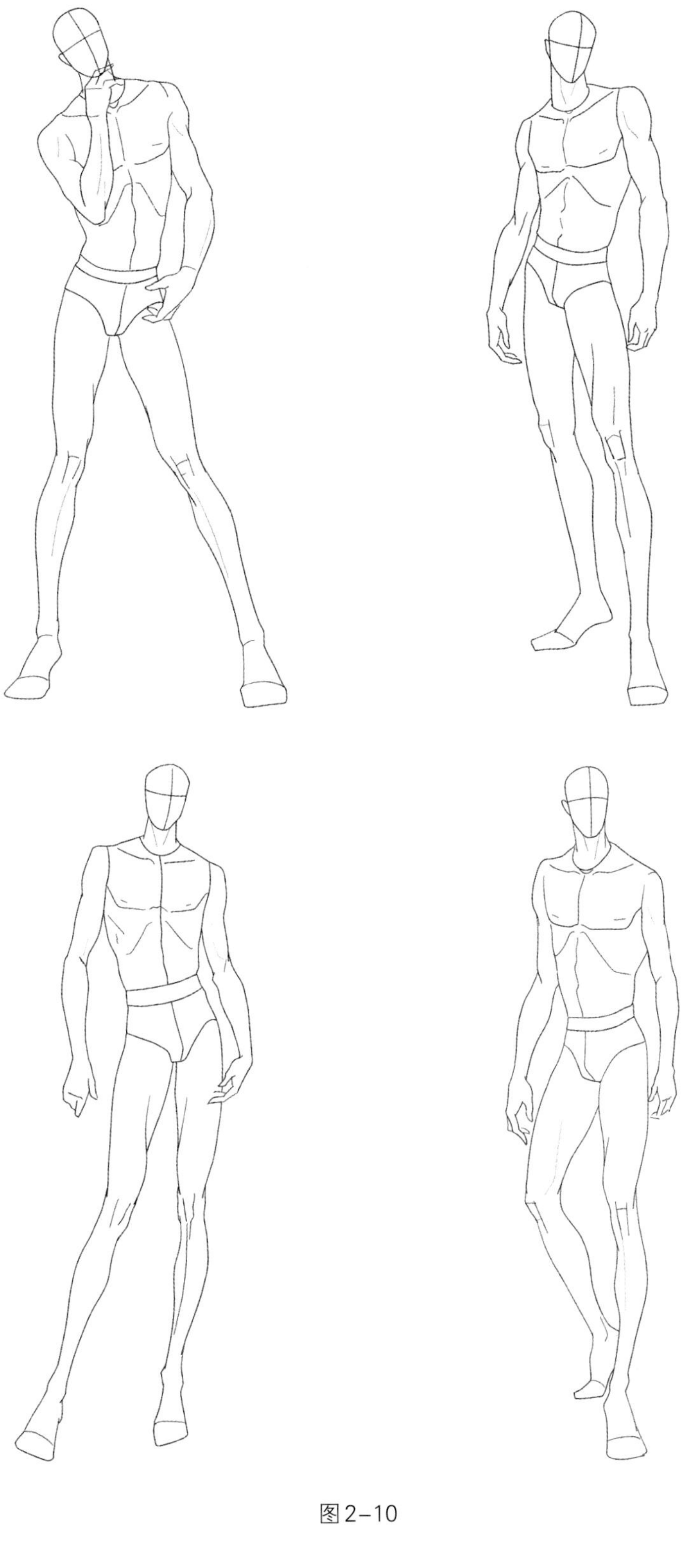

图 2-10

第三节 | 儿童人体及少年人体画法[1]

一、儿童人体及少年人体画法

儿童人体及少年人体的头身比例因年龄不同而有所不同，年龄越小，头身比例越小。图2-11～图2-14为幼童人体、儿童人体、少年人体和青少年人体。

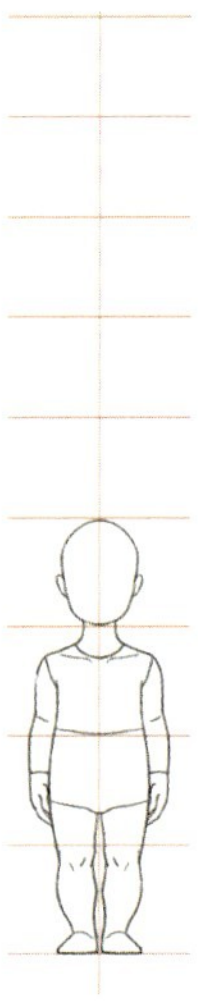

图2-11

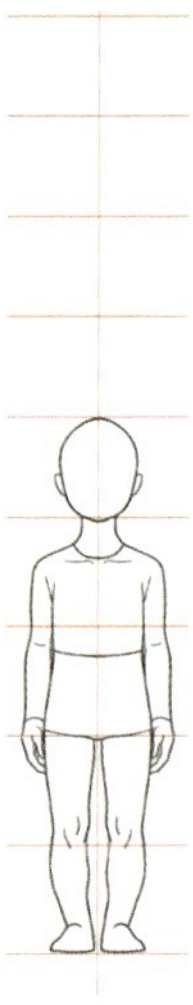

图2-12

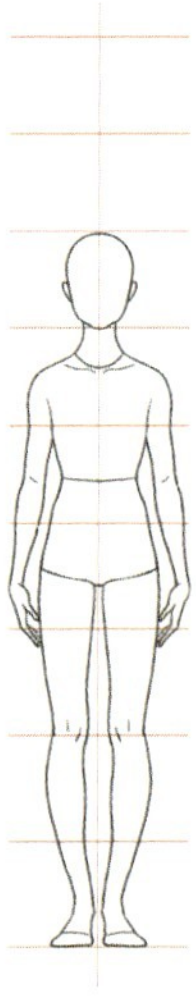

图2-13

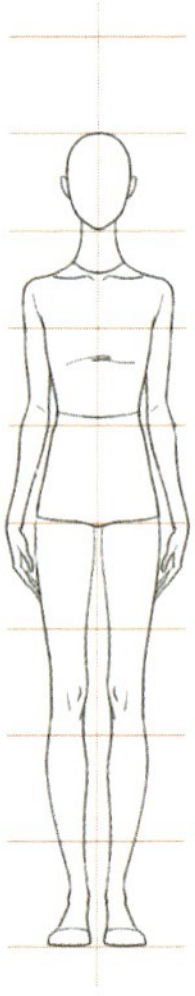

图2-14

二、儿童人体及少年人体示例

图2-15为多个儿童人体及少年人体绘制示例，在绘制过程中要根据其年龄进行头身比例的调整，同时注意与成人体骨骼、肌肉的表达方式也有区别。

[1] Bill Thames. 美国时装画技法[M]. 白湘文，赵惠群，编译. 北京：中国轻工业出版社，2003；胡晓东. 服装设计图人体动态与着装表现技法[M]. 武汉：湖北美术出版社，2009.

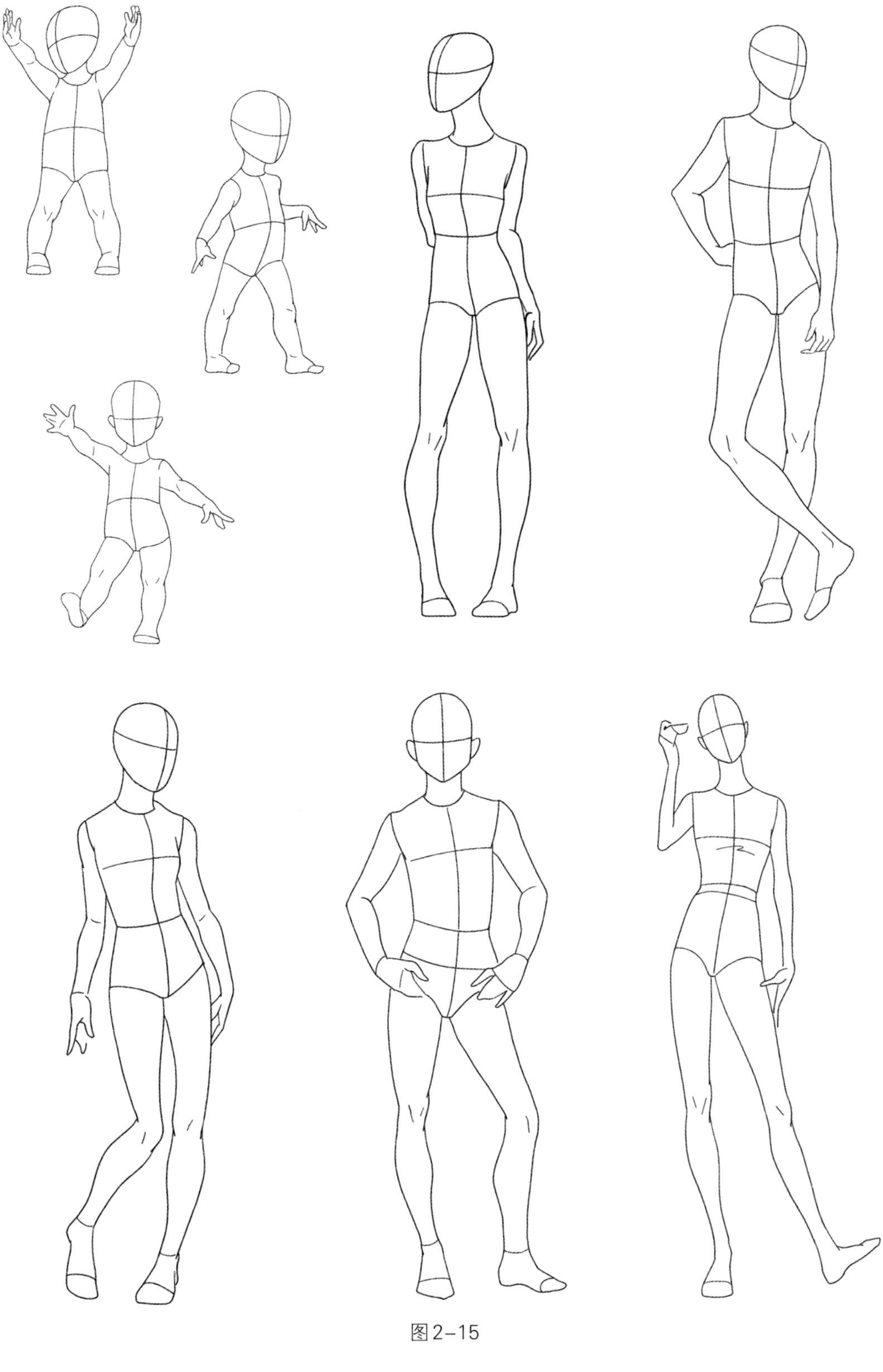

图2-15

思考与练习

1. 分析男性人体与女性人体的区别。
2. 分析不同年龄的儿童体的头身比例。
3. 绘制不同动态的女性人体。
4. 绘制不同动态的男性人体。
5. 绘制幼童人体、儿童人体、少年人体和青少年人体。

第2章 图片作者

沈　菲（图2-1~图2-15）

第三章

面部、手、脚、款式图画法

Practical Fashion
Painting Techniques

第一节 | 面部画法

画成人面部时，首先要注意比例关系，即三庭五眼。图3-1为不同角度女性成人面部比例示例，画儿童时眼睛位置下移。在时装画中，身体头身比例拉长，面部的比例、眼睛的比例等也要具有修长之美，五官追求唯美效果。图3-2为多个成人女性面部绘制示例。

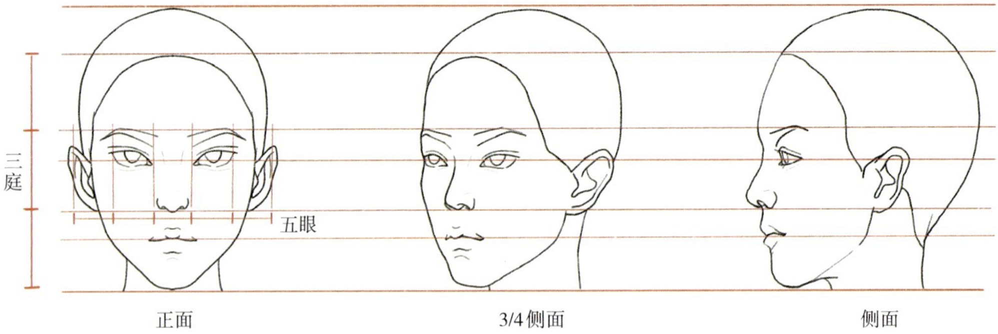

图3-1

图3-2

第二节 | 手、脚画法

画手时，注意避免两个弊端，画得太硬像石膏，画得太软像戴了胶皮手套，要注意关节和手指动态的把握，图3–3为女性成人手的绘制示例。画脚时，无论穿什么风格的鞋子，都要注意把握足弓和足跟的内部造型体现，图3–4为女性成人脚的绘制示例。

在绘制过程中如果感到造型有难度，可以在摹本上画4个或6个正方形（打格子），在图纸上也同时画4个或6个正方形，这个方法容易比较手与脚的动势角度，可以帮助绘画基础较薄弱的学生进行精准绘制。

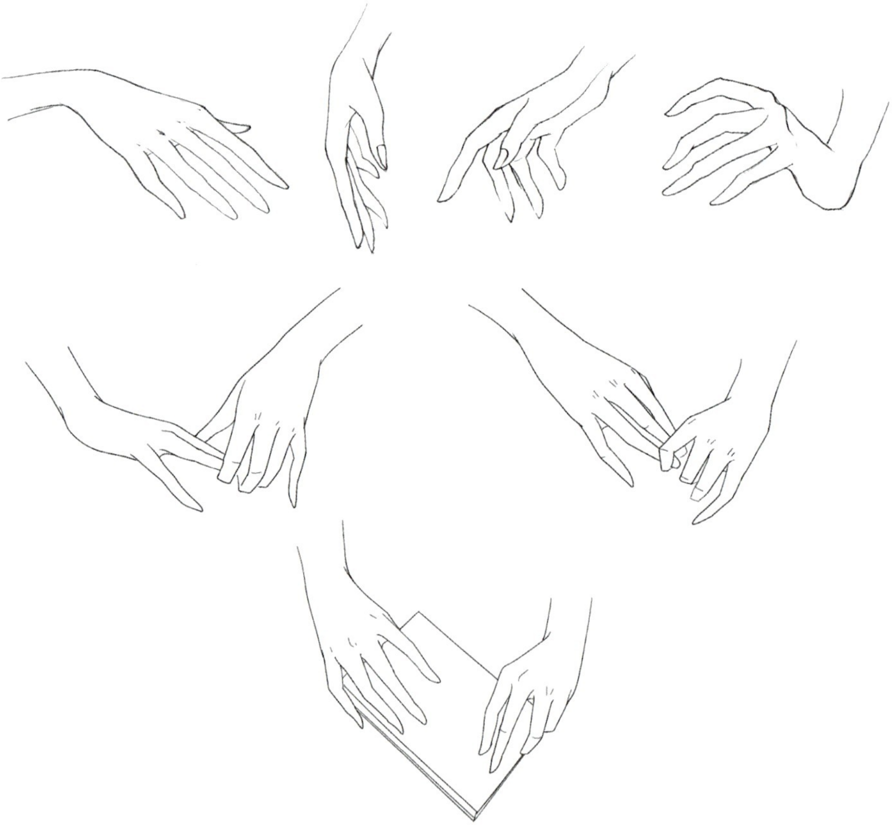

图3–3

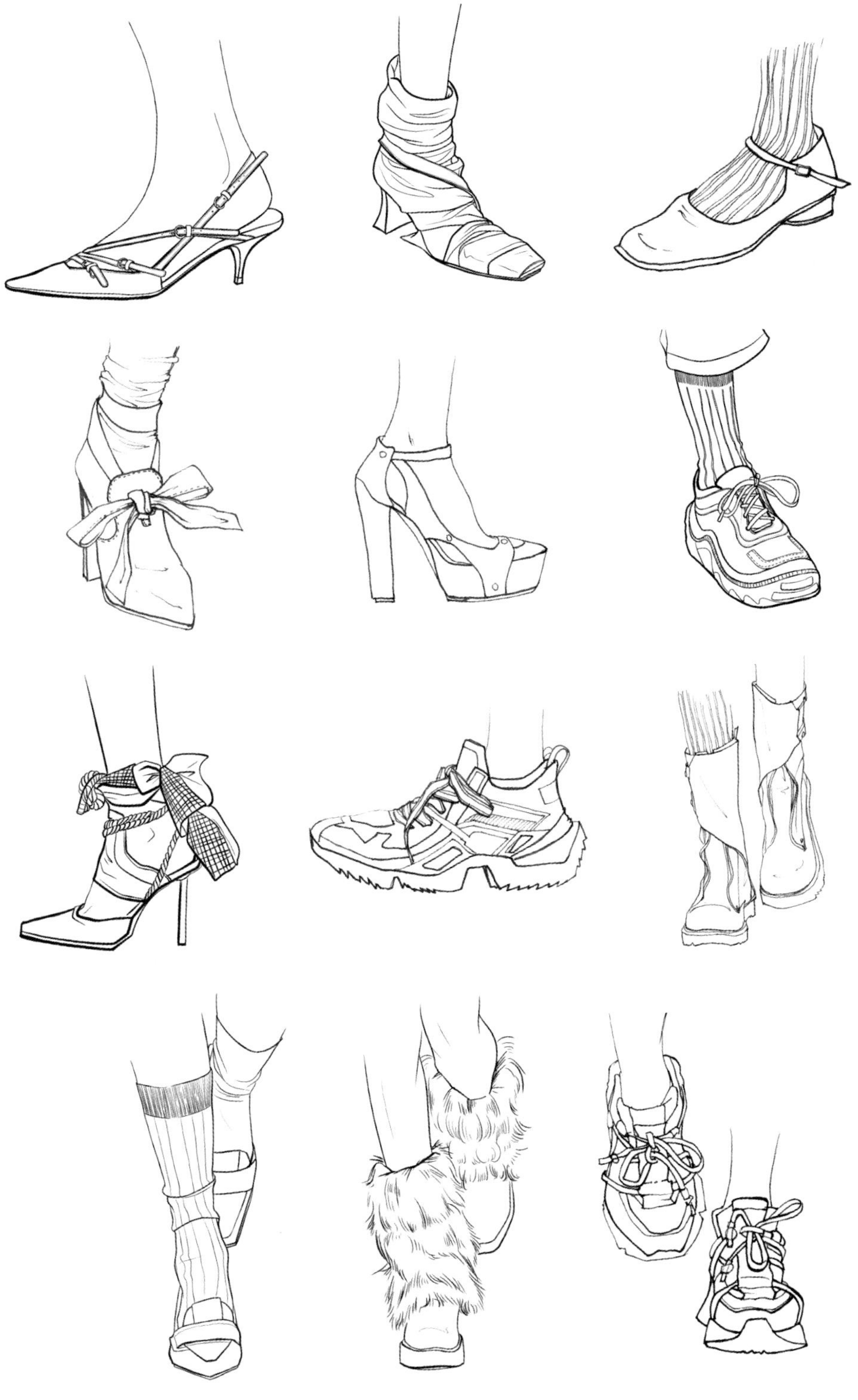

图3-4

第三节 | 款式图画法

款式图的绘制可以通过手绘和电脑辅助两种方式进行练习，手绘练习时，如果对人体造型不是很熟悉，或者绘画基础较为薄弱，可以借助款式图模板尺进行模特外形的绘制，然后在模特外形的基础上进行具体款式的绘制，借助款式图模板尺进行款式图绘制方便快捷，且多个款式图大小一致（图3-5）。但如果对人体造型有一定把握，可以不借助款式图模板尺进行绘制。

电脑款式图相对于手绘款式图更为精准和完美。具体操作步骤将在本教材第四章第五节中讲解，本节仅做电脑款式图绘制的效果展示，也可作为临摹练习示例（图3-6）。效果图搭配对应的款式图，能更好地体现服装的正面和背面造型，以及内外层次的结构和细节（图3-7）。

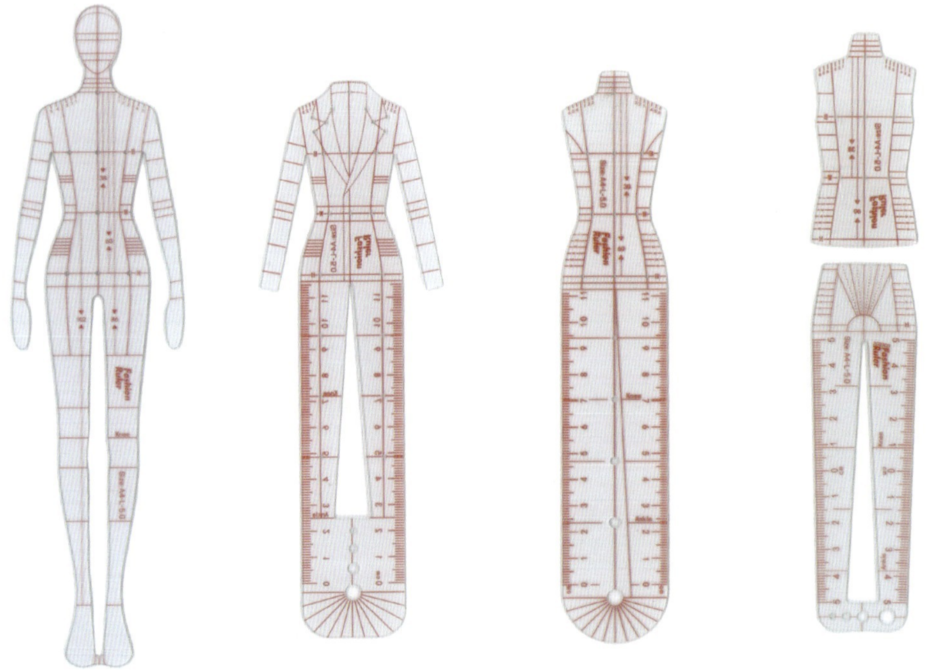

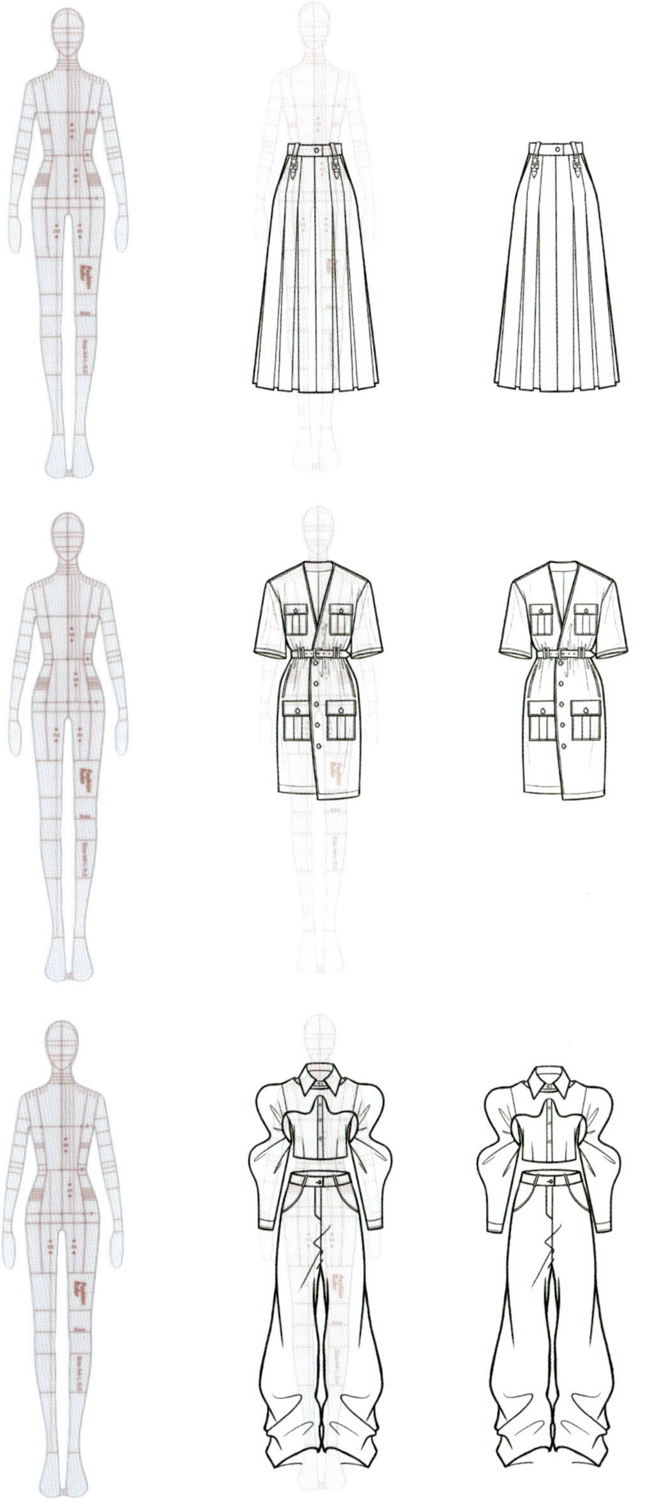

图3-5

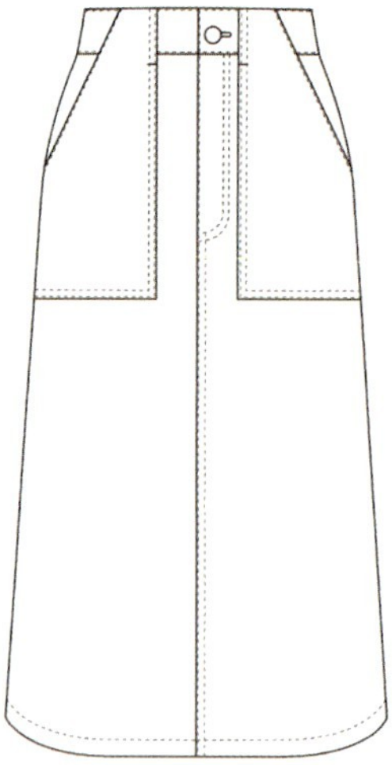

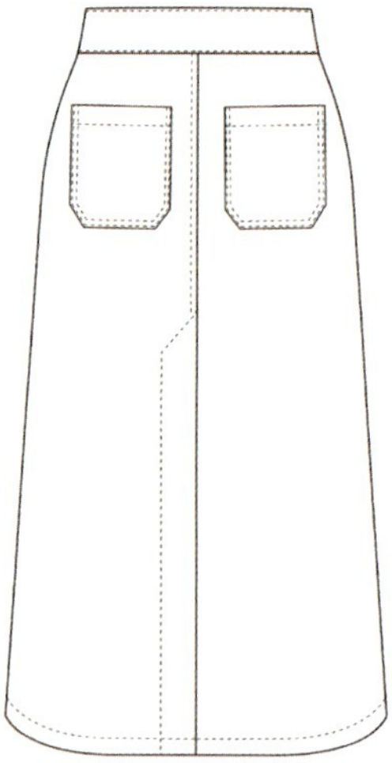

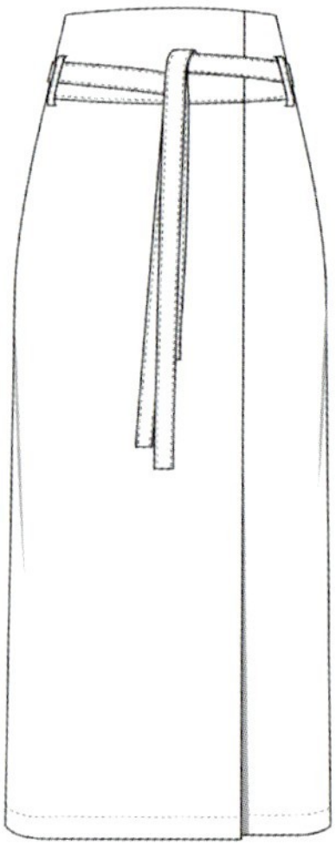

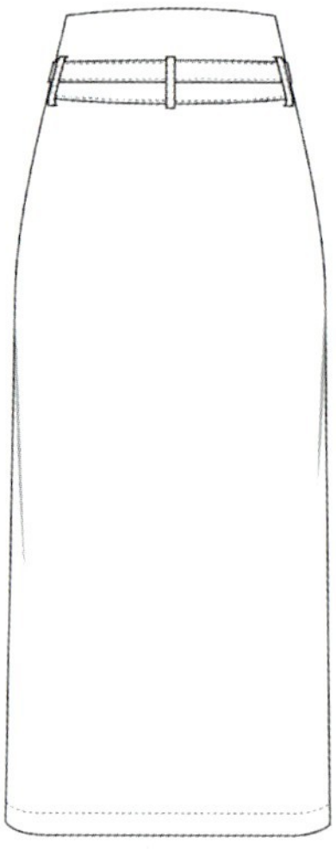

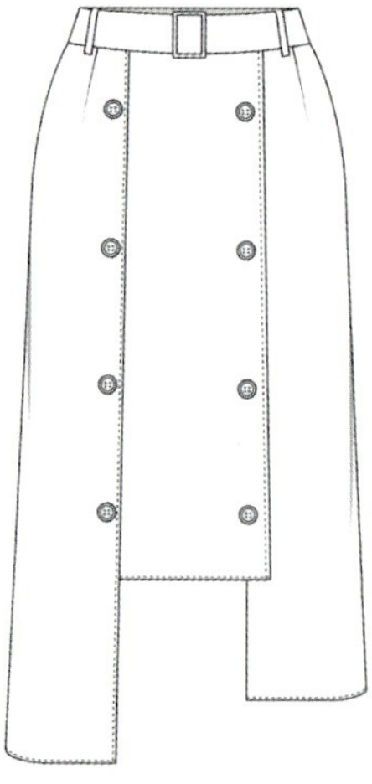

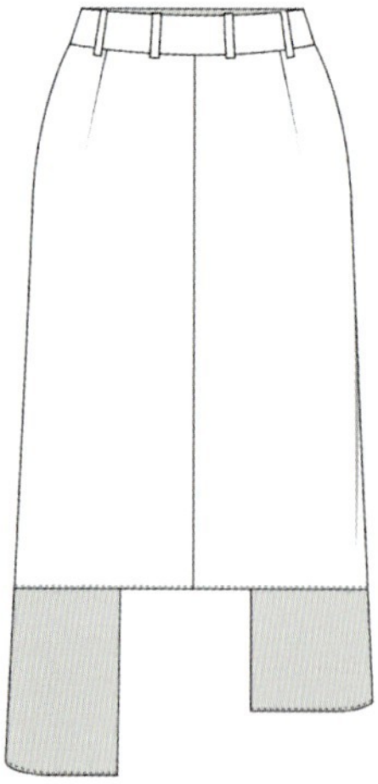

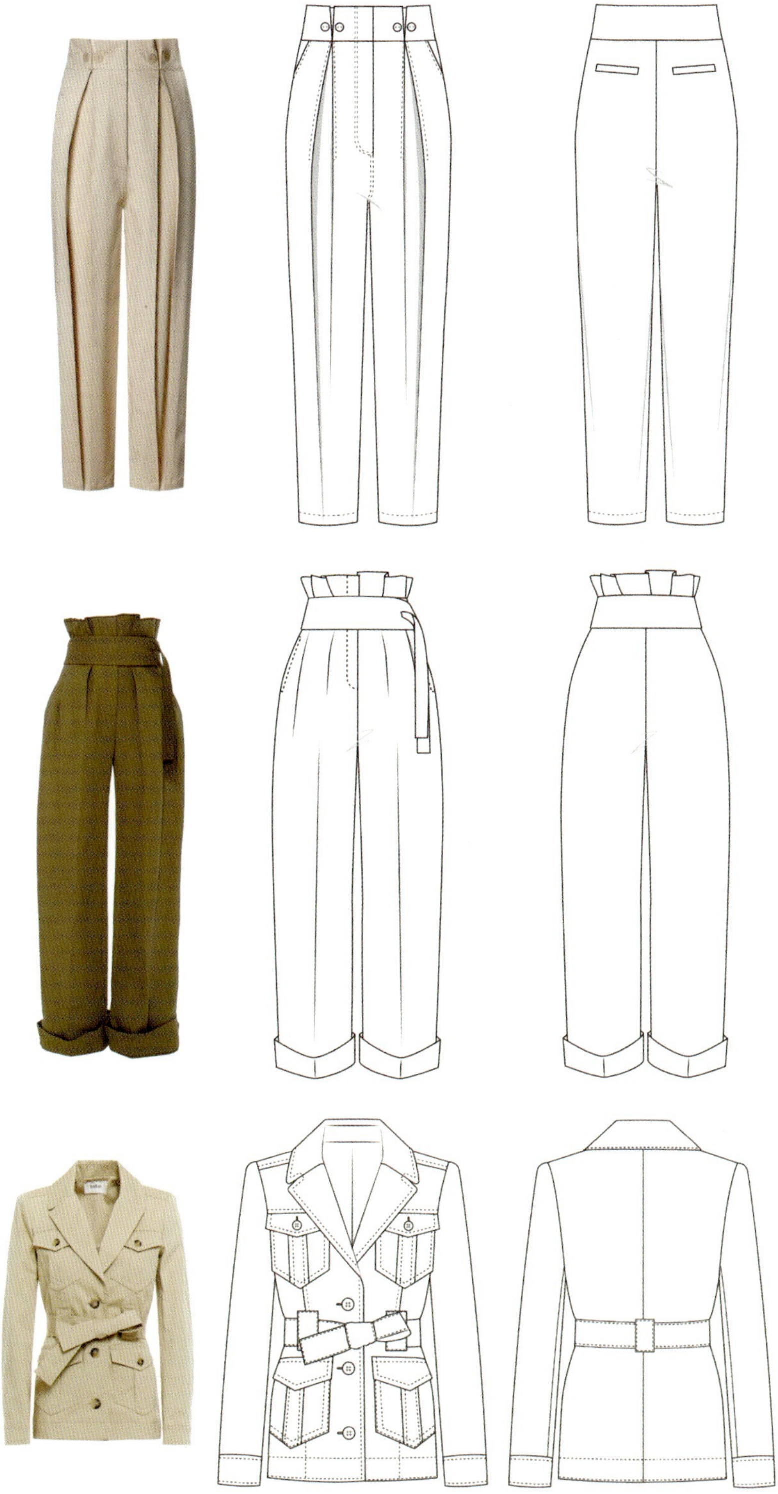

图3-6

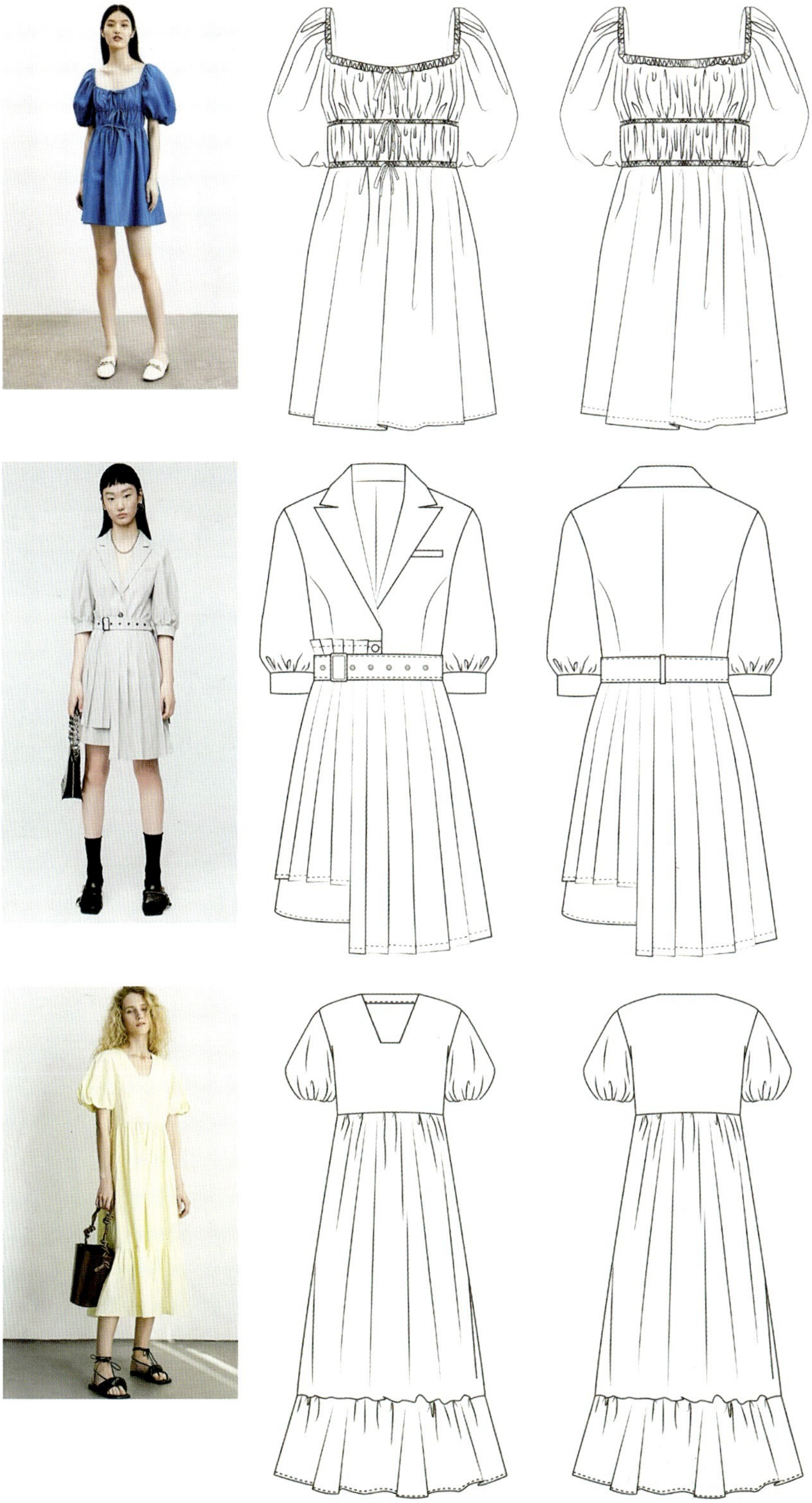

图3-6

Look1

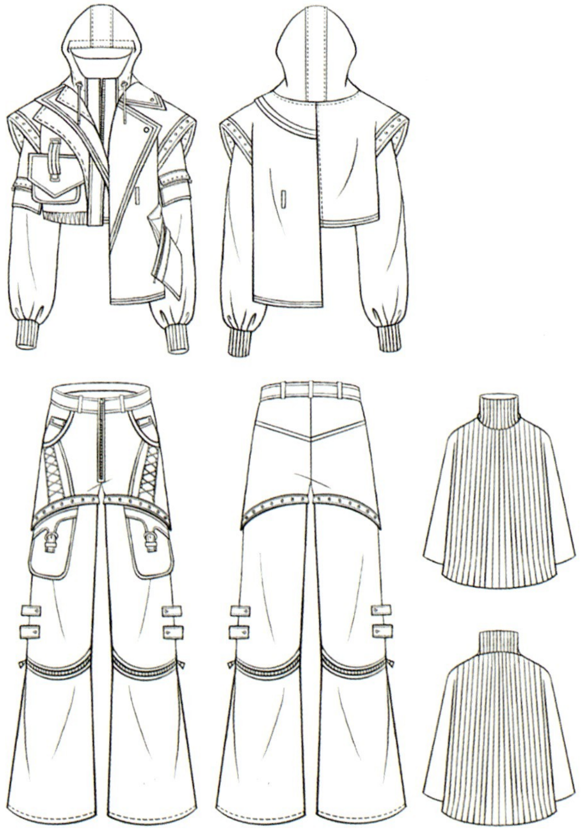

Look2

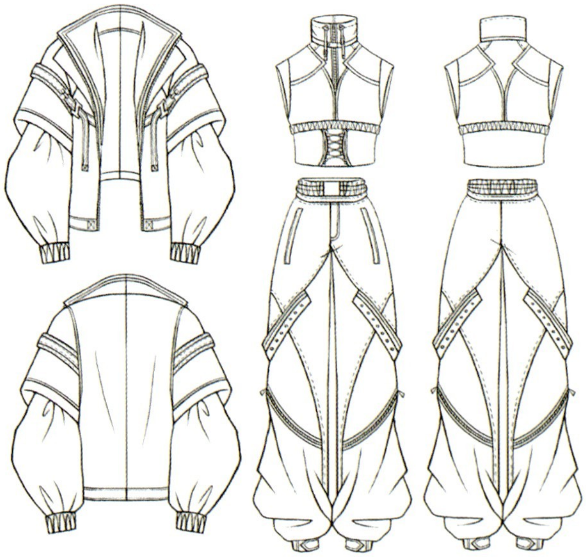

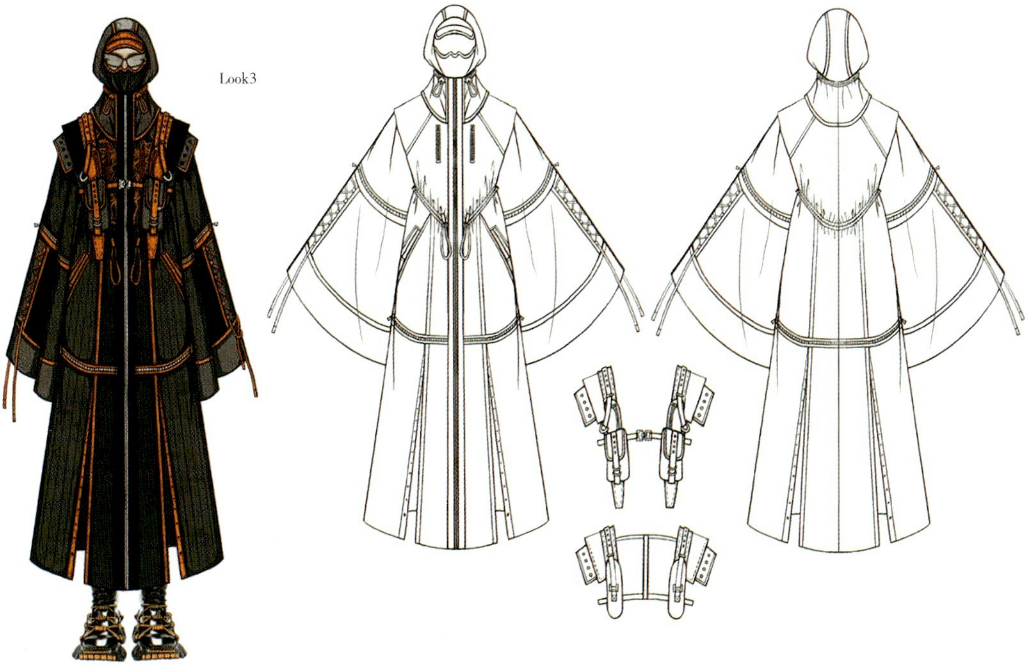

图3-7

思考与练习

1.绘制不同角度的女性面部。

2.绘制单手、双手、单脚、双脚。

3.绘制不同服装品类的款式图。

第3章 图片作者

沈　菲（图3-1~图3-5） | 楼千婷（图3-6） | 胡高阳（图3-7）

第四章

时装画表现技法

P

Practical Fashion
Painting Techniques

第一节 | 水彩表现技法

一、水彩表现技法的工具（图4-1）

水彩颜料品牌推荐：初学者推荐国产鲁本斯固体水彩、温莎牛顿歌文、荷尔拜因管装水彩，进阶者推荐史明克艺术家级、荷尔拜因固体水彩。

水彩辅助工具：洗笔桶、水彩画笔、留白胶、自动铅笔、橡皮、水彩纸等。

水彩画笔：市场上有多种形式和材质的水彩画笔，根据材质大致分为尼龙纤维毛和动物毛。时装画初学者需要一支中号毛笔、一支较细的勾线笔、一支中号平头排笔。推荐选用动物毛的画笔，如松鼠毛、羊毛等吸水性、储水性较好的材质。

水彩留白胶：用于大面积铺色中需要留白的部分。在水彩上色前，把需要留白的地方标记出来，然后用笔蘸上留白胶画在标记出来的地方，待干后开始上色，等水彩纸干透后用橡皮把留白胶部分擦除。

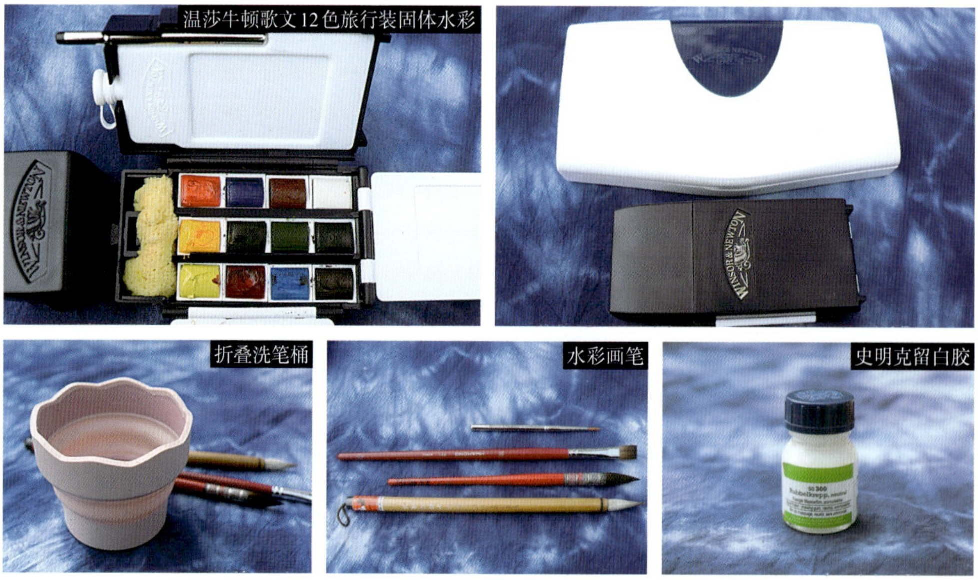

图4-1

二、水彩表现技法示例

水彩表现技法又称薄画法或湿画法，是以水为媒介调和颜料作画的表现方式。用水较多，颜色较薄，画面湿润、通透、自然，有立体感。最实用、最方便的颜料是固体水彩，具有很强的表现力。注重皮肤、头发、服饰的立体感，表达受光处可采用留白或降低色彩浓度的手法。

水彩绘制技巧：第一，湿画法可先刷薄水再上色，趁湿融色、混色；第二，由浅至深叠色，纸张干透叠色；第三，注意控制水分和留白。

为更好地感受水彩的表现技法，可以从临摹开始练习，在练习过程中体会调色、晕色等效果，边临摹边思考，这种方法可以直接而快捷地感受和掌握水彩表现技法，如图4-2所示。在绘制过程中，体会皮肤上色的立体效果、款式结构、工艺、面料特性的表达等。在临摹时，也可以选用一些时装插画，更具有个性和趣味感，如图4-3所示。

图4-2[1]

❶ 参见小红书灵子工作室作品。

（a）❶

（b）❷

图4-3

依据秀场照片做练习，不但可以近距离触摸流行，而且提升了练习的难度，为今后的设计奠定基础。对水彩技法表现有了一定了解后，可选用不同风格的秀场图绘制并上色。

图4-4表现的是都市休闲风格的秀场图，更接近生活，白色的长款夹克、帽子、袜子，仅淡淡地勾勒背光部，即可体现出服装的质感。而紫色与黄色的补色交织，通过水彩湿画法的表达，通透而调和。黑色的包和皮鞋，着重对受光、背光、反光进行处理和表达。

图4-5特别适合水彩湿画法的表达，一种水墨交融之感给服饰增添了本土文化气息及家国情怀。

图4-6以水彩形式绘制了短上衣、长裙、皮裤、皮靴，有一定的质感、简约明了。

图4-7表达了绚丽的、垂感顺滑的真丝面料，飘逸、透明的纱质面料，这一风格非常适合以水彩湿画法表达。

图4-8是略带俄罗斯乡村风情的连衣裙，主要以面的形式体现，适合用水彩的形式晕染。

❶ 参见余子砚freetempo微博（设计美学博主，湖北美术学院教师）。

❷ 参见郭培 Fall 2019 Couture（出处：穿针引线服装论坛）。

图4-4

图4-5

图4-6

图4-7

图4-8

第二节 | 彩色铅笔表现技法

一、彩色铅笔表现技法的工具

彩色铅笔，简称彩铅，具有携带方便、色彩丰富、耐用、使用方便、便于修改等优势，分为水溶性彩铅（可溶于水）、油性彩铅（不溶于水）、普通型彩铅。根据不同需要可选择不同性质的彩铅，水溶性的彩铅可溶于水，遇水色彩能够晕染开，呈现水彩般的效果，既可以单独使用，也可以辅助水彩技法使用。而油性彩铅不能溶于水，但色浓度高，油性彩铅色彩饱满、简单清晰，大多可用橡皮擦除，可以通过颜色叠加呈现不同的画面效果，是一种较具表现力的绘画工具。普通型彩铅则不具有以上两种功能。平时可将彩铅插入布制笔帘中，卷起打开都很方便，如图4-9所示。

品牌推荐：初学者推荐德国品牌辉柏嘉，价格适中且色彩种类多，适合基础绘制。进阶者可选用美国三福霹雳马，显色好、易叠加、色彩持久度高。

二、彩色铅笔表现技法示例

以彩铅绘制不同面料的效果图，可追求素描效果的面料质感，修改方便，成稿精细。秀场上的各种面料及服饰风格都可以用彩铅表达，图案的精致性、面料的质感等都可以逼真地表现出来，如图4-10～图4-12所示。

系列服饰中，以彩色铅笔表现面料的立体感和编结工艺感，结合电脑辅助设计背景，也能达到很好的整体效果，如图4-13所示。

图4-9

彩铅绘制技巧：第一，铅笔或者肤色以彩铅起形，下笔轻，关键节点卡准；第二，用固有色铺色，铺出黑白灰大关系，行笔方法同画素描；第三，加深大的素描关系，强调暗部的背光效果，擦出高光，突出受光效果。

图4–10

图4–11

图4–12

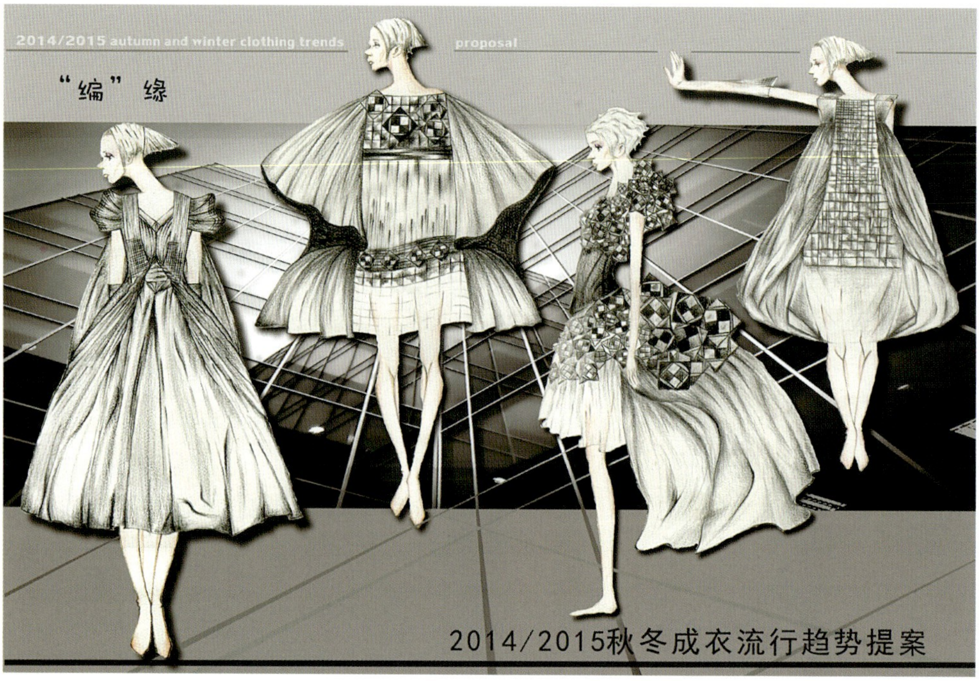

图4-13[1]

第三节 | 马克笔表现技法

一、马克笔表现技法的工具

马克笔也称记号笔，是一种书写或绘画用的绘图彩色笔。本身含有墨水，笔头坚硬，一般有双头，一头圆细，另一头方粗。按照墨水类型分类有：油性、酒精性、水性。在时装画技法中通常使用软头马克笔，软头更容易表达人体皮肤及面料的质感。基础工具包括马克笔、勾线针管笔、美文笔、高光笔、丙烯马克笔、马克笔专用本等，如图4-14所示。

[1] 2014年度新人奖入围作品。

品牌推荐：国产品牌中的法卡勒酒精性马克笔，价格合理、色彩丰富，效果好，颜色近似于水彩。日本品牌COPIC酒精性马克笔，快干，混色效果佳，价格稍贵，初学者可选其肤色购买单支。

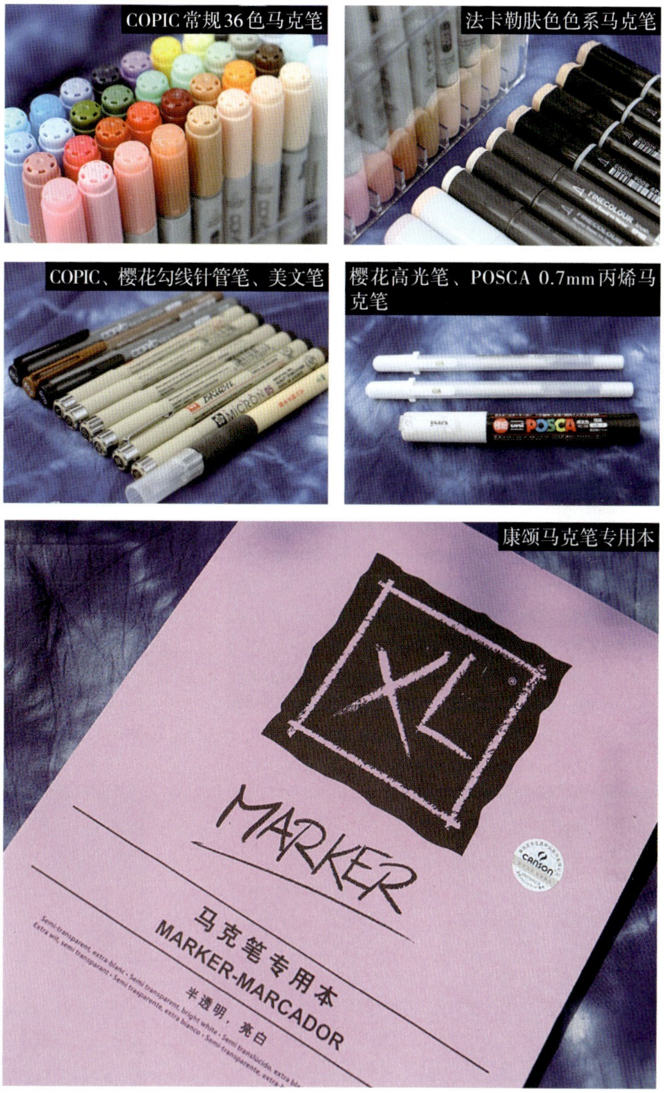

图4-14

二、马克笔表现技法示例

使用马克笔时，可以用接近的色号塑造立体感，环境色可轻轻涂上，比较自然、和谐，如图4-15所示。在绘制秀场作品时，可大胆地进行改善和变化，加入自己的想法，提升设计能力，如图4-16所示。可以利用马克笔的细头绘制出细小、密集的花纹，还可挑画动物毛领，如图4-17、图4-18所示。而大面积的，具有一定立体感的白色羽绒服仅需要以浅灰色做布褶及背光处理即可塑造出面料质感和立体感，如图4-19所示。白色服装的绘制效果均可采用明暗素描关系的方式表达，简约而大气，如图4-20所示。为渲染画面效果，可尝试加涂背景，但不建议过多使用，避免画蛇添足，如图4-21所示。

马克笔绘制技巧：第一，马克笔因其干脆利落的笔触而产生画面氛围感。因此，在绘制过程中行笔要快，做到稳、准、狠。第二，酒精性马克笔具有半透明的质感，叠色混色需要由浅至深绘制。第三，特殊面料需要控制笔触间的留白。

图4-15[1]

图4-16

图4-17

[1] 参见小红书@Chunran春然。

图4–18

图4–19

图4–20

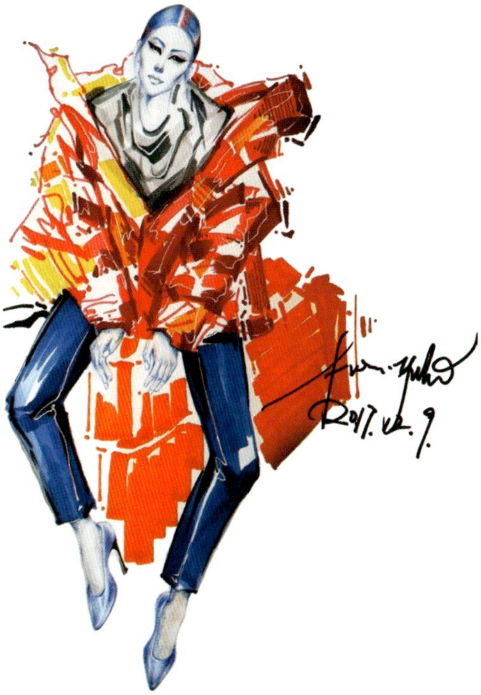

图4–21

第四节 | 粘贴表现技法

时装画可以尝试多种特殊技法，各种绘画作品中的肌理效果绘制都可以尝试，如刮喷法、吹气法、对印法、油蜡法、皴擦法、点亮法、撇丝法、密点法等。而粘贴法是特殊技法中最具特色的，很多材质都可以运用，如皮革、皱纹纸、牛皮纸、木屑、玉米叶、塑料等，可以大胆尝试。

图4-22由两种颜色的羊皮及黑色蕾丝进行裁剪、缝制、粘贴完成，层次鲜明、立体感强、工艺精致，加以小纽扣装饰，起到画龙点睛的作用。该作品在2010年“格莱美”杯全国皮贴画大赛中获优秀奖。图4-23，主题“行者”，以军绿色羊皮及棉针织面料为主色调，服装结构细节设计、制作精巧细致，该作品在2010年“格莱美”杯全国皮贴画大赛中获银奖。图4-24，将面料、毛线、饰品等进行组合粘贴，体现系列服装风格，整体效果厚重，注重细节表达，别具特色。除了皮贴法、布贴法，还可以尝试纸贴、综合材质等粘贴效果。图4-25以电脑仿真的形式体现纸贴效果，主题鲜明、个性十足，具有一定的趣味性。图4-26以先锋主义为灵感，打破墨守成规，极具创造性，作品饱含自由的情感表达。图4-27则以平铺的形式展现服装效果，但不乏层次感，追求一种层层粘贴的效果，简练而时尚。

图4-22

图4-23

Symbiosis
Doctrine
Symbiosis Doctrine –共生主义
本系列作品灵感来源于南加州南部的救赎山（Salvation Mountain），作者Leonard Knight一生与功名无关，徒手创造了一座充满色彩的小山，通过作品表现传达人类之间、自然之间以及人与自然之间形成的一种相互依存、和谐、统一的命运关系，积极乐观的人生信条令人钦佩。
可持续时尚为当下行业关注的热点，本系列作品设计构思以回收库存和剩余面料，使用旧衣物进行二次设计，通过解构再造重组，不同于传统的"一衣多穿"，不仅可以正反面着装，还可以任意组合改变造型，以全新设计赋予服装新的生命。
Look 1
Look 2
Look 3
Look 4
Look 5

图4-24

图4-25

图4-26

图4-27

第五节 | 电脑辅助表现技法[1]

电脑辅助表现技法修改方便，还可以使时装画更加直观，加上背景处理，使画面更加丰富，系列展示更加完整。目前，电脑辅助表现技法在服装院校及服装企业应用广泛。电脑辅助表现技法最方便之处就是图案、面料迅速提取应用，且效果直观。电脑可仿造手绘的各种技法，在系列服装中，图案、面料便于表达，款式图也可配套绘制，使整体画面一目了然。以下款式图及效果图的绘制方法可结合智慧树平台——时装画技法课程中的动态演示及解说进行学习。

一、电脑款式图绘制过程

（一）款式图1绘制过程

1. 导入图片

降低透明度，锁定该图层，在上方新建图层（图4-28）。

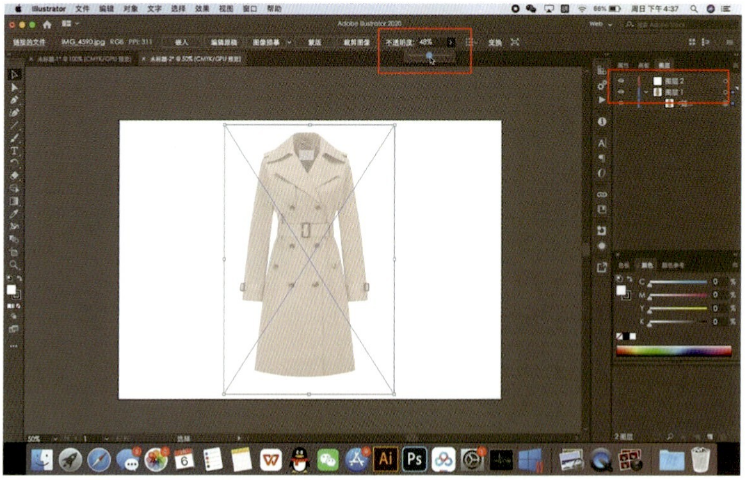

图4-28

[1] 使用软件：Procreate。

2.用钢笔工具绘图

用钢笔工具绘图，并且选择无图片填充模式（图4-29）。

图4-29

画完半边款式，框选后右击复制镜像。复制完后进行细节调整（图4-30）。

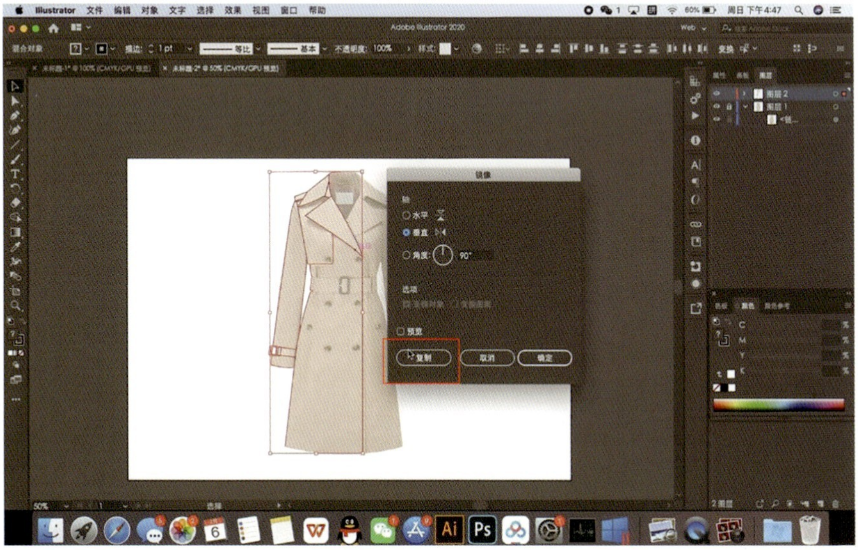

图4-30

3. 用虚线绘制线迹

勾选描边中的虚线，调整虚线密度和粗细（图4-31）。

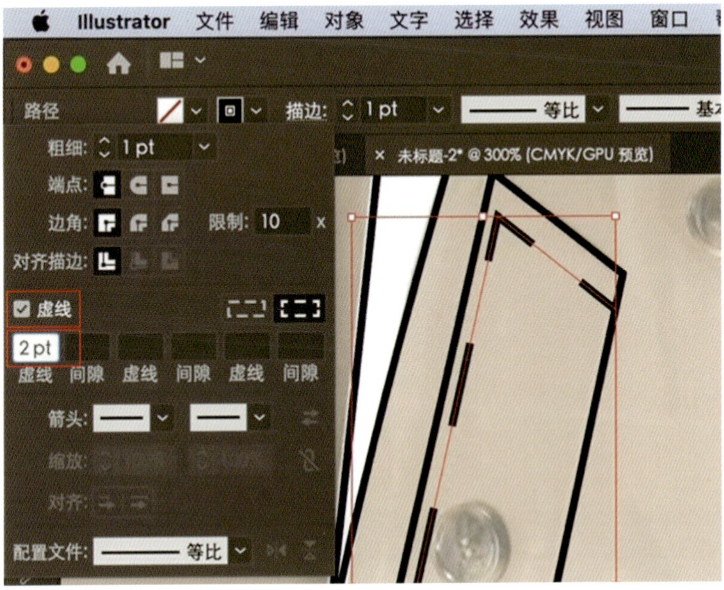

图4-31

4. 细节调整

将一些未闭合的路径闭合（图4-32）。

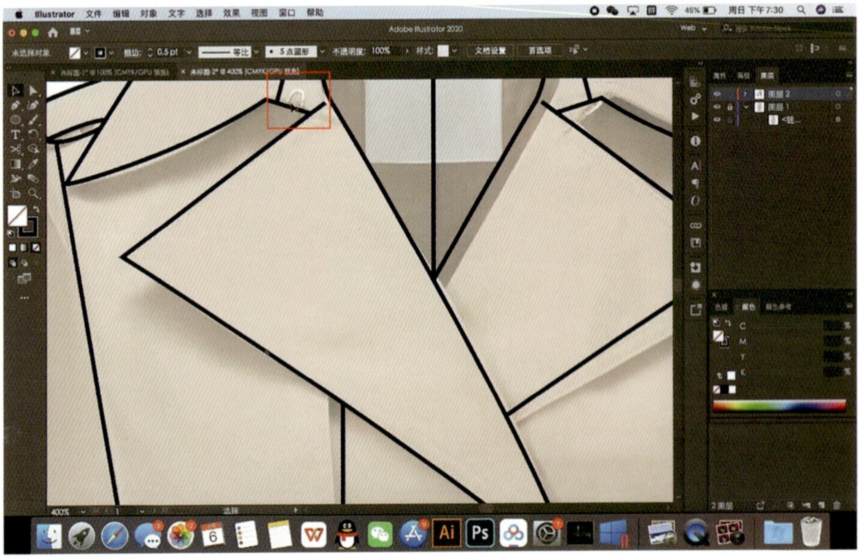

图4-32

5. 调整线条样式（图4-33）

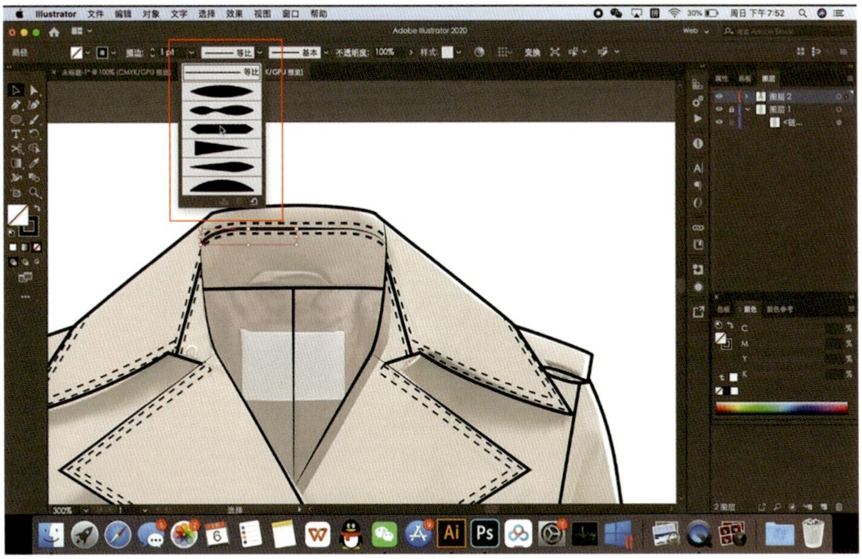

图4-33

6. 绘制褶皱

将褶皱颜色改为灰色，并且更改线条样式，使褶皱看上去更加自然（图4-34）。

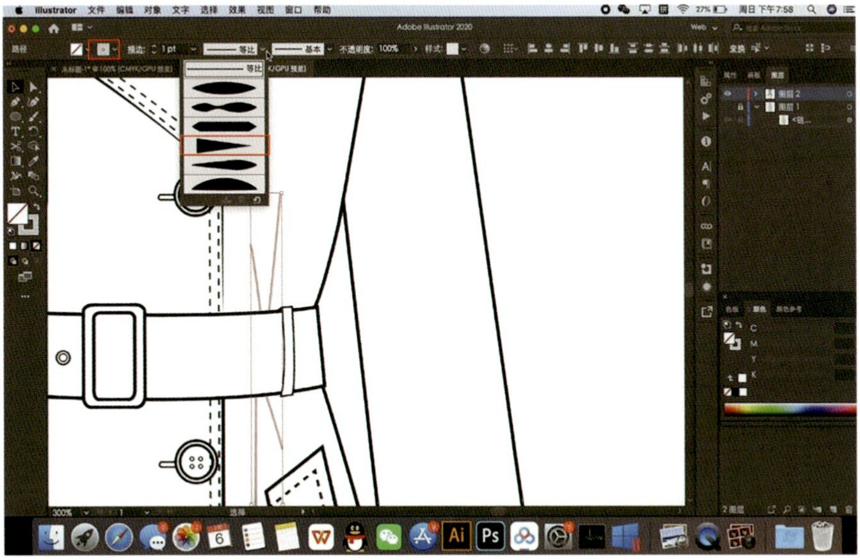

图4-34

7. 最终效果（图4-35）

图4-35

（二）款式图2绘制过程

1. 导入图片

降低透明度，锁定该图层，在上方新建图层（图4-36）。

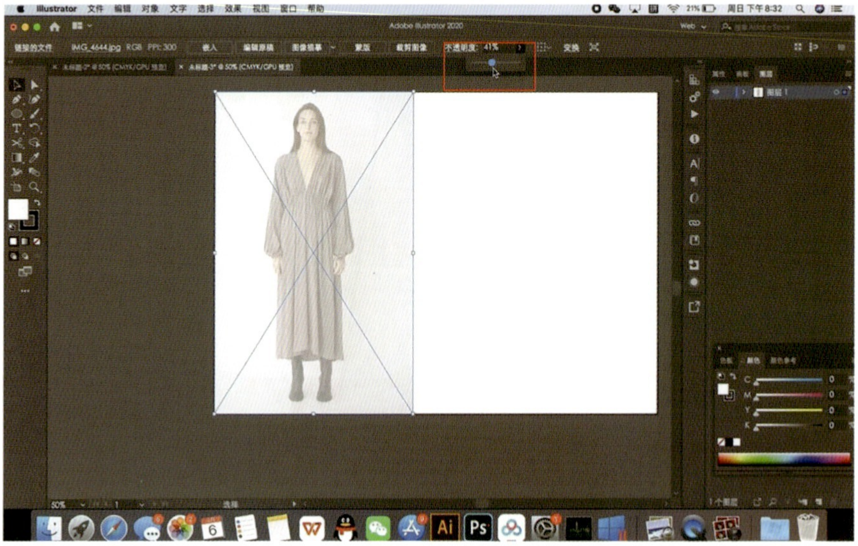

图4-36

2. 用钢笔工具绘图

用钢笔工具绘图，并且选择无图片填充模式（图4-37）。

图4-37

画完半边款式，框选后右击复制镜像。复制完后进行细节调整（图4-38）。

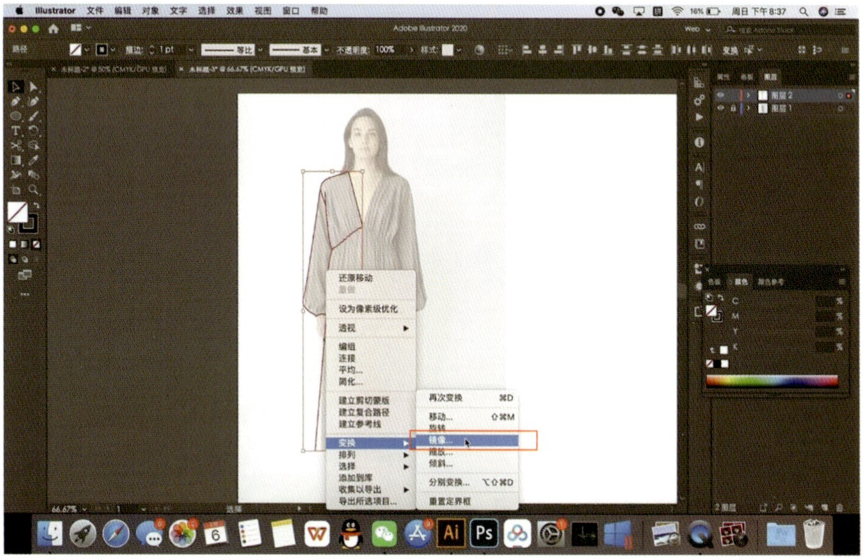

图4-38

3. 用虚线绘制线迹

勾选描边中的虚线，调整虚线密度和粗细（图4-39）。

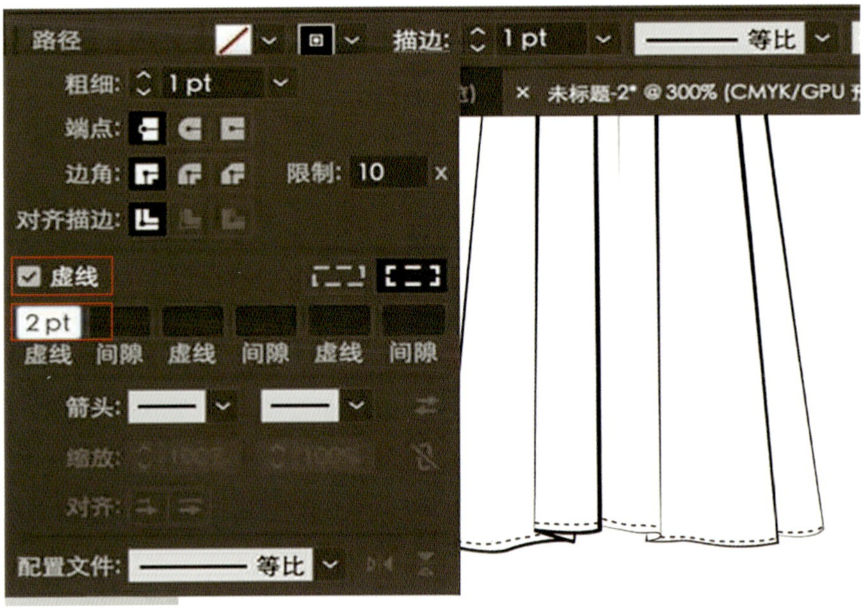

图4-39

4. 细节调整

将一些未闭合的路径闭合（图4-40）。

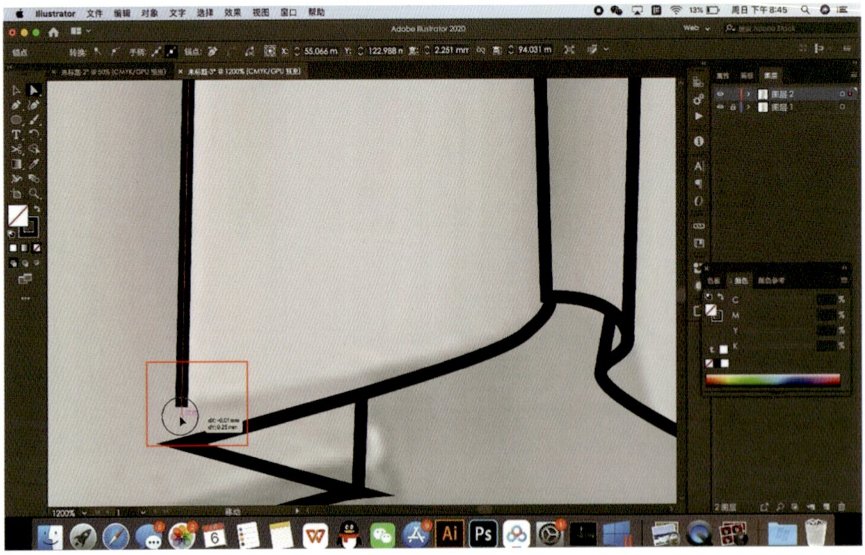

图4-40

5. 调整线条样式（图4-41）

图4-41

6. 绘制褶皱

将褶皱颜色改为灰色，并且更改线条样式，使褶皱看上去更加自然（图4-42）。

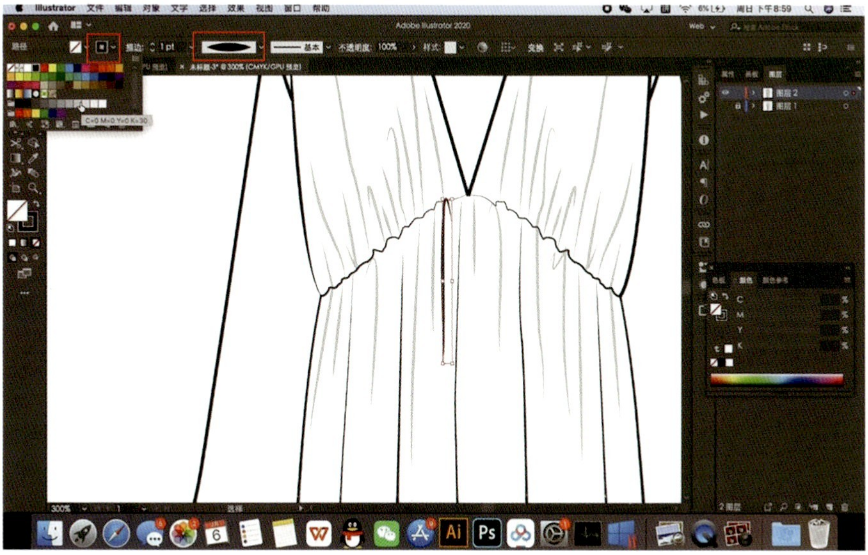

图4-42

7. 最终效果（图4-43）

图4-43

二、电脑效果图绘制过程

1. 画草图

在模特身上画草图（图4-44）。

图4-44

2. 勾线稿

用“着墨”中的“技术笔”勾清晰线稿（图4–45）。

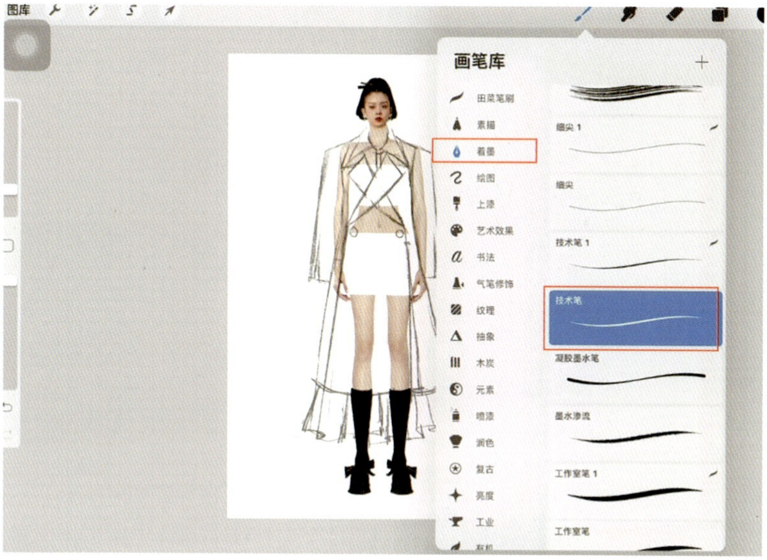

图4–45

3. 填充图片

在线稿图层，用“自动”工具选择要填充面料的区域，新建图层、填充颜色、导入图片，点击图片图层选择剪辑蒙版（图4–46）。

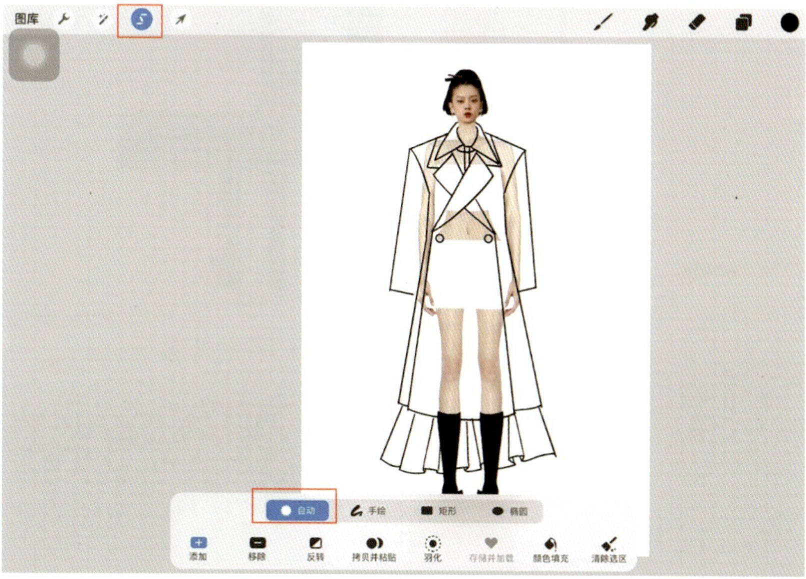

图4–46

图库
图层
图层 4
图层 3
图层 3
图层 1
背景颜色

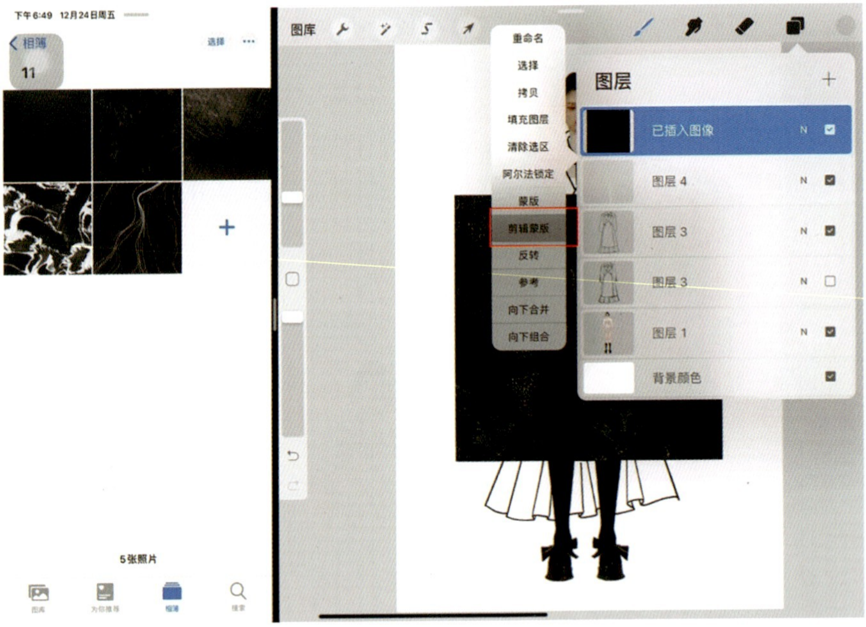
下午6:49 12月24日周五
相簿
11
选择
5张照片
图库
图层
已插入图像
图层 4
图层 3
图层 3
图层 1
背景颜色
重命名
选择
拷贝
填充图层
清除选区
阿尔法锁定
蒙版
剪辑蒙版
反转
参考
向下合并
向下组合

图 4-46

4. 画阴影

在导入图片的上方新建图层，选择“剪辑蒙版”“正片叠底”模式（图4-47），用“气笔修饰”中的“软气笔”在有遮挡关系处画阴影。

图4-47

5. 画高光

用“气笔修饰”中的“软气笔”吸取白色、画高光（图4-48）。

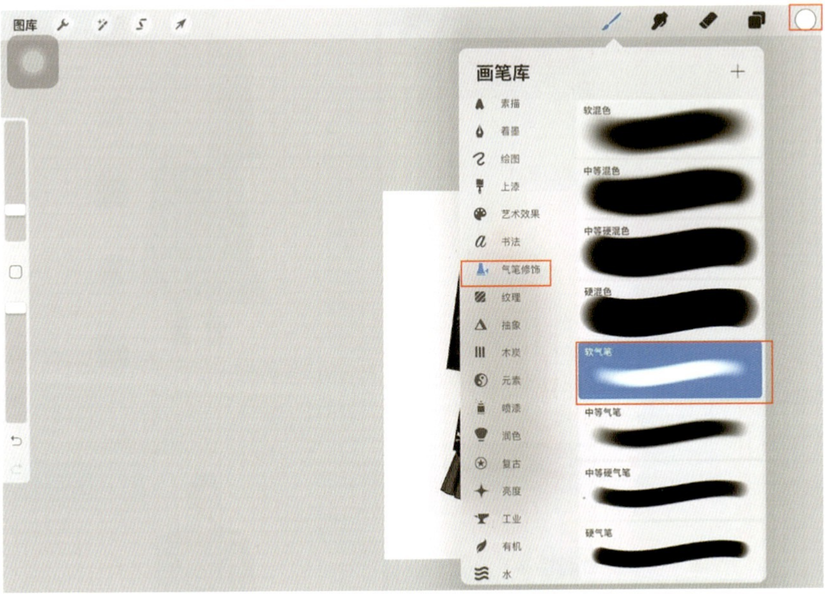

图4-48

用涂抹工具把高光涂抹均匀（图4-49）。

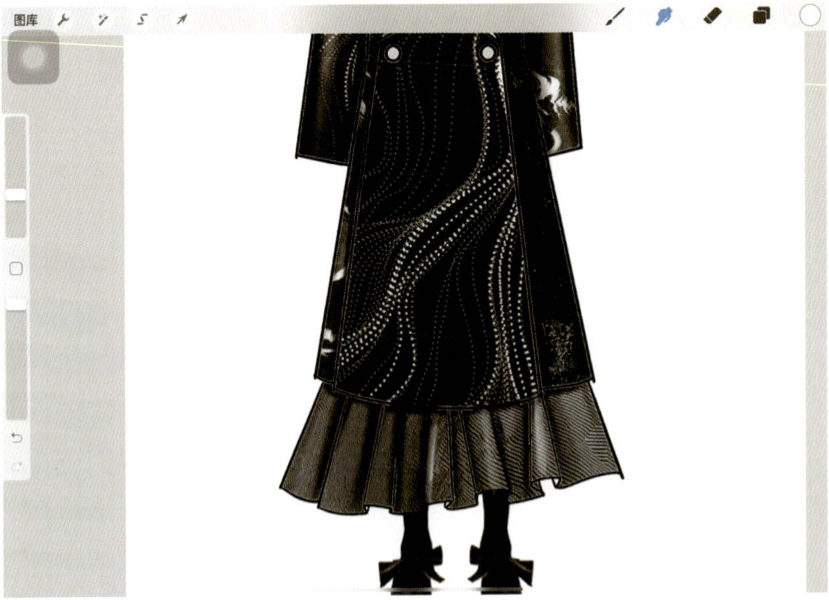

图4-49

6.画细节

用“虚线笔刷”画线迹，增加细节（图4-50）。

图4-50

7. 最终效果（图4-51）

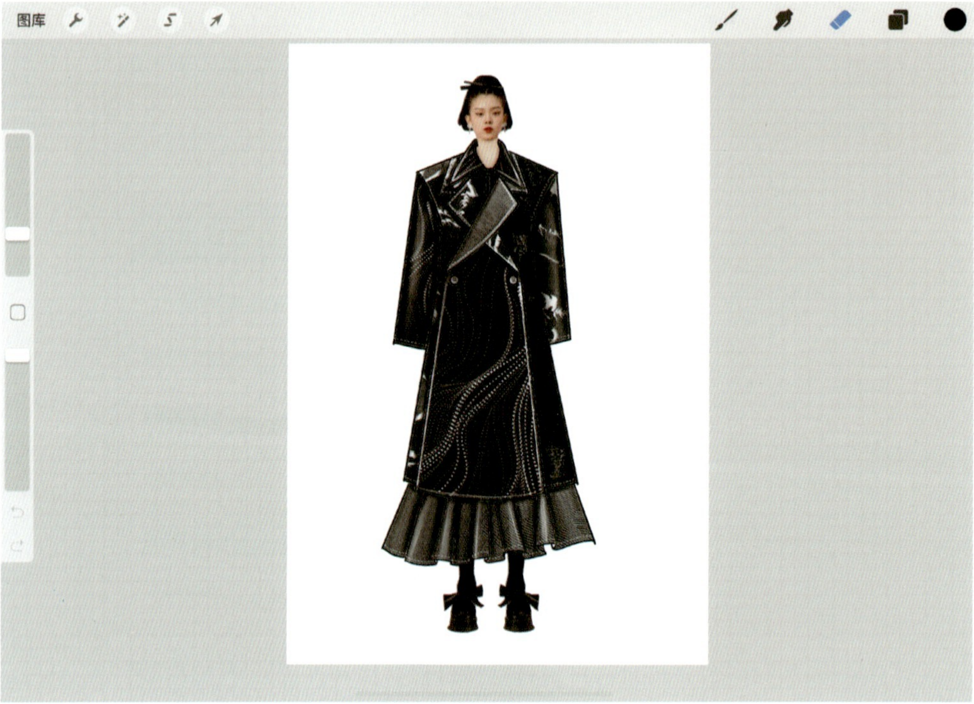

图4-51

三、电脑辅助表现技法赏析

1. 案例1

主题“Love Survival Robots”。在统一的色调中，面料薄厚相间，肌理感丰富，注重细节处理，结构灵动变幻。系列设计以情感机器人为灵感来源，机器人虽然没有意识、没有自我价值观，但可以通过对外界信息的模拟来感知，反而让人感觉他是有情感的。系列设计创新性地采用温感变色面料，使服装在穿着或触碰时产生温变，从而实现服装与人体的交互，服装是人类的第二皮肤，用服装设计语言可以传递虚拟世界与现实生活的界限。该作品在2023年嘉兴大学设计学院毕业设计作品展中获“十佳优秀毕业设计作品奖”（图4-52）。

图 4–52

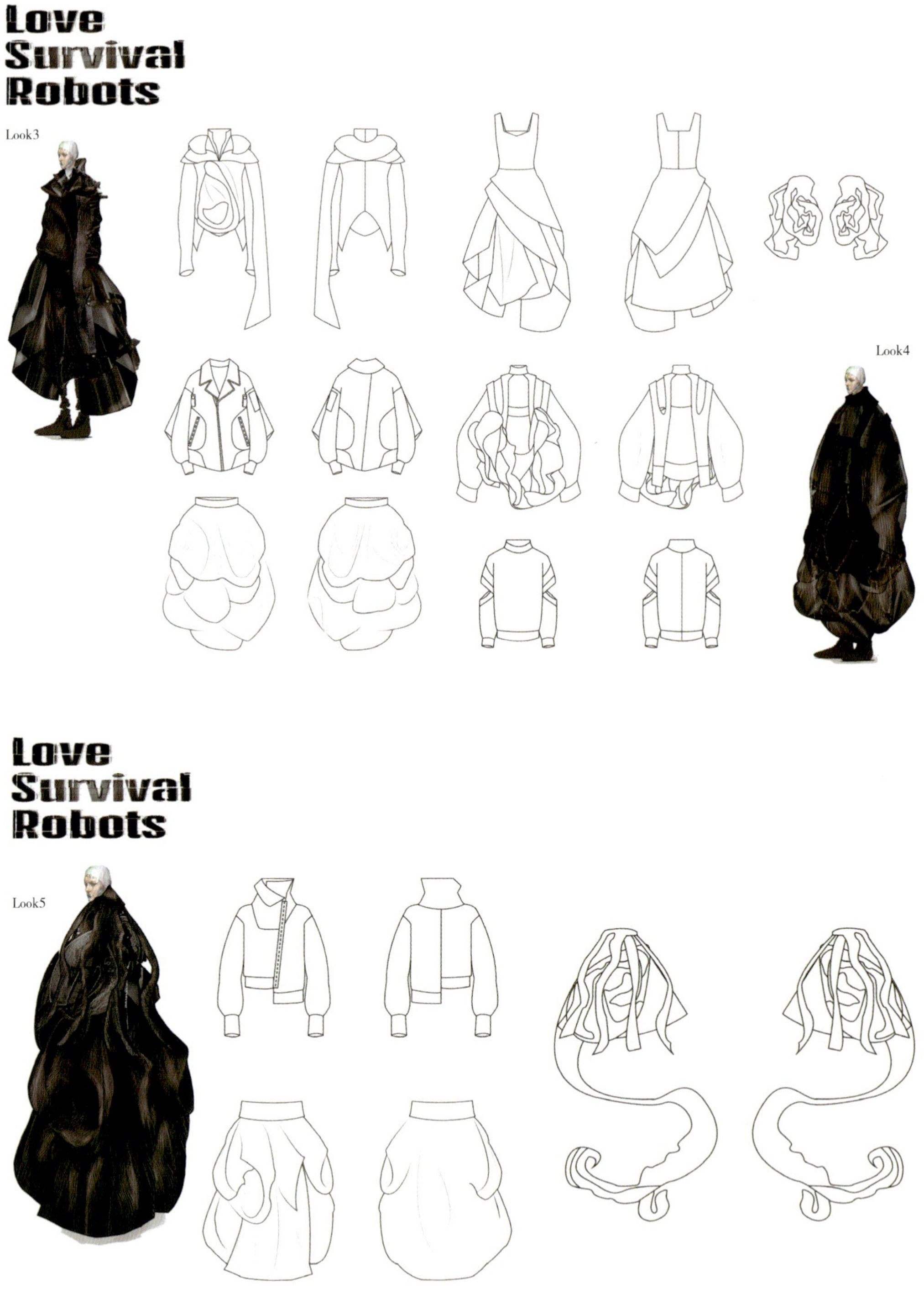
Love
Survival
Robots
Look3
Look4
Love
Survival
Robots
Look5

图4-52

2. 案例2

主题“One乐园”。趣味、卡通、温馨感扑面而来的画面效果给人以轻松、快乐之感。灵感来源于对童年的追忆，并结合毕加索立体主义时期的画作《小提琴与葡萄》，通过作品表达内心，传递自己的理念，冲破成人世界的束缚，回到孩童时期。色彩运用了不同色系之间的碰撞形成了一个美妙的绮丽梦境。面料采用薄纱及半透明的轻盈材质，满足了梦幻和浪漫的少女心，既透气又显得仙气十足，搭配粉蜡色系、蕾丝花边，趣味十足。款式选用立体夸张的、呈规则或不规则形态的廓型，打造充满趣味、活泼、天真的服装。纱质面料多层次叠加具有立体感（图4-53）。

图4-53

3. 案例3

主题“未来·无界”。模特动态相近，而服装造型各具特色，注重面料的软硬对比和质感表达。以彝族元素与赛博朋克风格作为立足点进行服装创意设计。将彝族的太阳纹、种子纹、老虎纹等传统纹样与酸性元素结合，进行图案设计。参考彝族披毡的宽肩造型和赛博朋克机能感大廓型及链条、拉链等金属元素，更好地将二者有机融合。该作品在第十届未来设计师·全国高校数字艺术设计大赛中获浙江省一等奖（图4-54）。

图4-54

4.案例4

主题“毕加索的节奏”。重在图案的表达，用色大胆、造型洒脱。将成衣效果融入效果图，以海报的形式展示。灵感来源于毕加索的绘画作品，通过将绘画与服装的结合来表达设计理念。以数码印花的形式将绘画呈现在服装上（图4-55）。

图4-55

5.案例5

主题“别致男孩”，夸张的人物造型幽默而不失细节，主题鲜明。随着时尚行业的发展和进步，人们渴望别出心裁的设计，中性风格受到越来越多人的喜爱，男装的流行风格越发个性，中性风的出现是男装的一大突破，一定程度上使男装变得多样化。该系列以"男装女性化"为突破点，以中性风为切入点，将女装的"柔"和男装的"刚"结合，具有创意点的同时又不失男装的干练与韧性（图4-56）。

图4-56

6.案例6

主题“更生”，薄厚相间的面料表达，橙蓝互渗晕染的“鱼尾”效果，通透的配饰表达，旨在讲述：海洋里有被渔民遗弃的渔网，也有游客丢弃的塑料，给海洋世界带去了阴霾。终有一天它们的命运不再是被鱼群吃掉，也不再是困住海龟的牢笼，而是化作“鱼鳞”，长出“鱼尾”，重获新生，海洋终归是蔚蓝的、清澈的，鱼儿自由自在地成长，一切都那么美好。该作品在浙江省第六届大学生服装服饰创意设计大赛中获三等奖（图4–57）。

图4–57

7.案例7

主题“AWAKENING”，运用3D软件绘制，追求立体的、逼真的视觉效果（图4-58）。

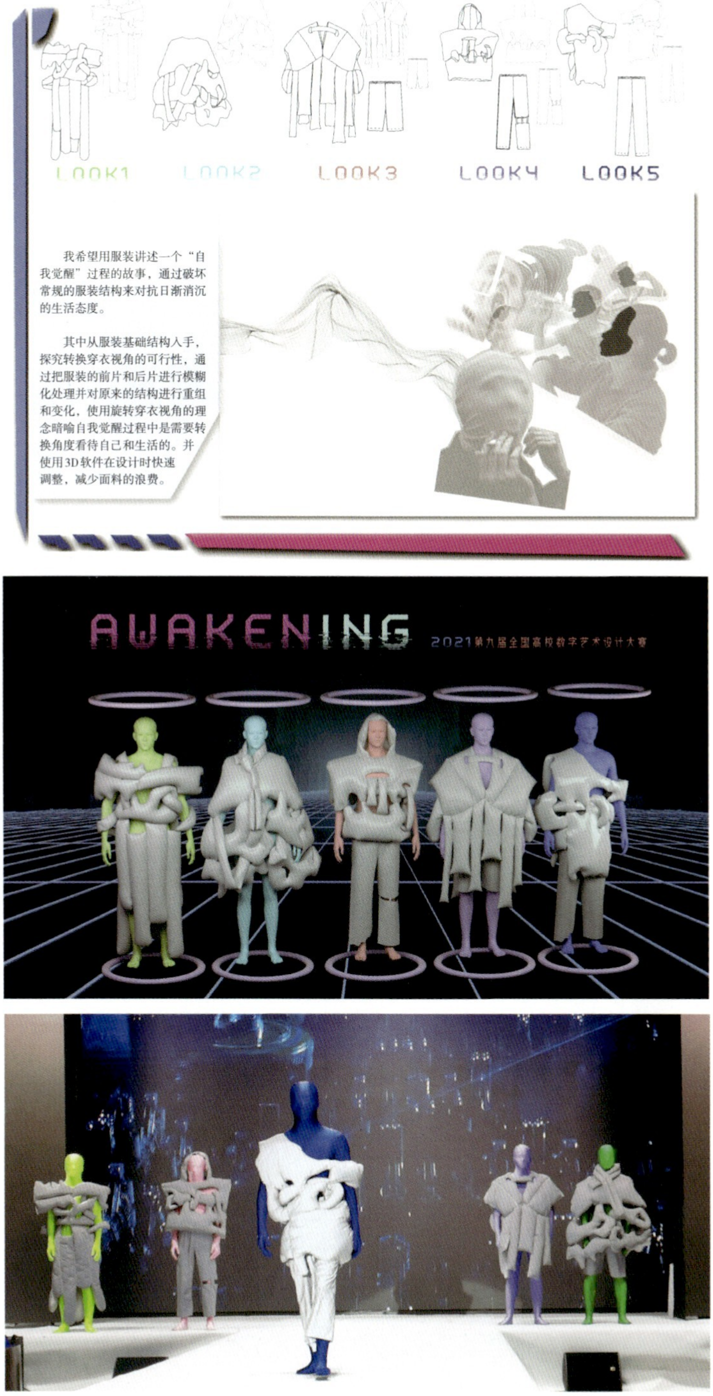
LOOK1
LOOK2
LOOK3
LOOK4
LOOK5
我希望用服装讲述一个“自我觉醒”过程的故事，通过破坏常规的服装结构来对抗日渐消沉的生活态度。
其中从服装基础结构入手，探究转换穿衣视角的可行性，通过把服装的前片和后片进行模糊化处理并对原来的结构进行重组和变化，使用旋转穿衣视角的理念暗喻自我觉醒过程中是需要转换角度看待自己和生活的。并使用3D软件在设计时快速调整，减少面料的浪费。
AWAKENING
2021第九届全国高校数字艺术设计大赛

图4-58

8.案例8

主题“目”。绘制规整，经典而富有个性。取圆拱形造型，形似一扇“门”，旨在表达这其中每个人所看到的事物都不一样，但其中又保持一定的秩序与空间。一个简单的基本图形通过点线面能组合成多种不同类型的另一个基本型。诠释了“目”的主题。设计将点线面所构成的基本图形运用在服装装饰物及配饰的呈现上，如袖窿和下摆、领口的改造设计。同时，部分结构采用多个基本型组成的四方连续。廓型为“A”型和“H”型。系列服装体现装饰美、律动感及未来感（图4-59）。

图4-59

思考与练习

1. 水彩表现技法实践。
2. 彩色铅笔表现技法实践。
3. 马克笔表现技法实践。
4. 粘贴表现技法实践。
5. 其他特殊表现技法实践。
6. 电脑辅助表现技法实践。

第 4 章 图片作者

沈　菲（图4-1、图4-2、图4-8、图4-9、图4-14、图4-15、图4-16、图4-26、图4-27）
沈　滢（图4-3）
王佳玥（图4-4）
宋嘉怡（图4-5）
黄欣怡（图4-6）
王璐莹（图4-7）
余　辉（图4-10、图4-21）
厉若雯（图4-11）
周　彤（图4-12、图4-17）
方羽艳（图4-13）
戴月莲（图4-18）
沈宇清（图4-19）
何依玲（图4-20）
章　红（图4-22）
胡灵巧（图4-23）
瞿丽文（图4-24）
王一如（图4-25）
陈格尔（图4-26）
楼千婷（图4-28~图4-51）
曾　茜（图4-52）
万明雨（图4-53）
邵佳慧（图4-54）
马芳芳（图4-55）
翁东东（图4-56）
金　灿（图4-57）
吴国富（图4-58）
郭昱龙（图4-59）

第五章

不同面料表现技法

P

Practical Fashion
Painting Techniques

第一节 | 皮革、裘皮

首先，可以从造型简单的款式入手进行皮革面料效果的练习，注意受光、背光、反光的处理，如图5-1所示。训练的难度逐渐加大，可以练习有一定动态，且款式稍微复杂的皮质风衣，同样注重光影效果的处理，如图5-2所示。与皮革搭配最多的就是裘皮，所以绘制毛质感的衣服很有必要，可以利用马克笔的笔锋挑起毛的感觉，即蓬松、柔软的效果，如图5-3所示。粉色系的毛质外套可以采取留白效果，并以细的勾线笔挑画边缘，如图5-4所示。还可以利用水彩效果表现裘皮的体量感和柔软感，利用彩铅与水彩相结合的方式表现皮革、裘皮的质感，细节更加完美，如貂绒的细腻处理可以用彩铅挑画绒毛，皮革以水彩表现明暗，整体效果大气洒脱，如图5-5、图5-6所示。企业设计稿中经常出现毛领、毛边等服装款式，通常以电脑绘制的方式表达，如图5-7所示。

图5-1

图5-2

图5-3

图 5-4

图 5-5

图 5-6

图 5-7

第二节 | 动物仿真、蕾丝

斑马纹的仿真面料、蕾丝面料在时尚舞台上经久不衰，可采用水彩、彩铅、签字笔相结合的方式进行整体表达，如图5-8所示。多种动物毛皮及蕾丝的搭配丰富，且富有韵律感，如图5-9所示。仿真的豹纹短上衣搭配牛仔裤，时尚而俊逸，以彩铅的形式表达，不但具有立体感，而且细腻、真实，如图5-10所示。豹纹外套，以蓝绿色为底，富有设计感和创造性，胸口面料采用少许蕾丝，主次分明，且增添了性感之美，更加时尚，如图5-11所示。

图5-8

图5-9

图5-10

图5-11

第三节 | 毛呢

毛呢质感厚重，适合用水粉厚薄相间表达，如图5-12所示。马克笔绘制的毛呢休闲大衣，可以表达出一定的厚重感，用笔大气，注重明暗变化，服饰具有立体感和质感；毛呢大衣和毛呢宽腿裤，整体效果大气而飘逸；大衣采用短袖的形式体现个性和时尚性，搭配毛衣、皮手套、皮包、皮鞋，整体效果主次分明，具有层次感，如图5-13所示。电脑绘制的毛皮大衣、长款夹克，在企业里是秋冬必备款式，如图5-14所示。

图5-12

图5-13

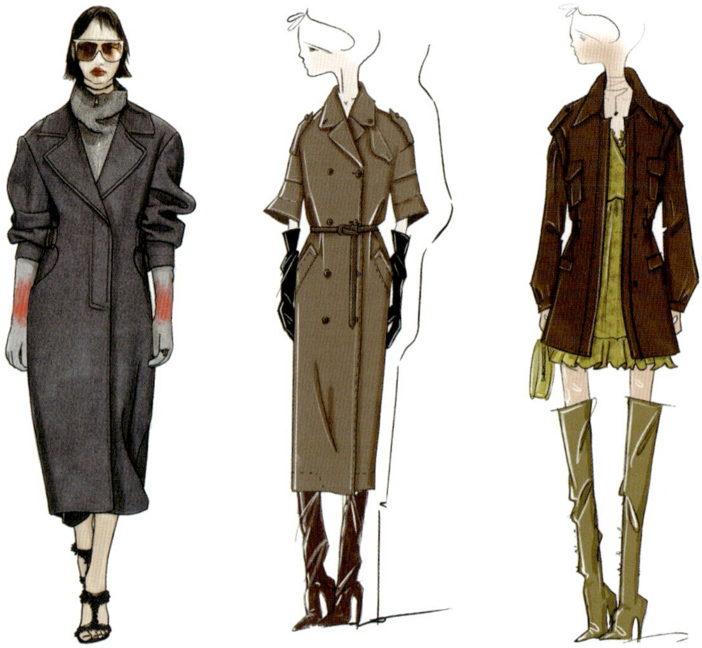

图5-14

第四节 | 羽绒

羽绒服具有一定的厚度和体量感，采用板绘和马克笔的形式都可以很好地体现羽绒蓬松的质感。如图5-15、图5-16所示。

图5-15

图5-16

图5-17注重羽绒服的体量感表达和明暗变化，具有立体感和质感，以深浅不一的绿色塑造羽绒立体且柔软的特征，以白色提亮，羽绒服款式采用不对称式，更加时尚，搭配衬衣、运动鞋，主次分明，具有律动感。

图5-18以彩铅的形式绘制，特别精细，羽绒服的体量感刻画完美，尤其是衣服表面的亮光处理表达较好。图5-19绘制的羽绒服为特长款，表面光泽度弱，画面效果稳重、自然、大气。

图5-17

图5-18

图5-19

第五节 | 针织、牛仔

针织与牛仔面料同时出现的概率较大，针织与牛仔在季节上可以实现统一，所以适用于多个季节。图5-20为夏季的薄款，以马克笔的形式表达，上衣采用斜纹针织短袖，风格宽广洒脱，裤子配以牛仔休闲短裤，以灰、蓝调节明暗，体现出牛仔面料的厚重质感。

图5-21为春季的长袖及七分裤，也体现出两种面料的搭配。企业设计稿中每一季都会搭配一定的针织款式，体现服饰的丰富和技术的先进，如图5-22所示。而图5-23是中国针织设计大赛参赛作品，色彩和谐，质感柔软，虽然运用了无彩色系，但却变化丰富，富有节奏感。

图5-20

图5-21[1]

[1] 参见Lvfang吕芳的微博。

图5-22

苍狼白鹿
Wolf white deer
第五届"濮院杯"PH VALUE中国针织设计大赛
The 5th "PuYuan Cup" PH VALUE China Knitting Design Competition

图5-23

第六节 | 格子

格子面料变幻无穷，是时尚界的"长寿"之星，可以运用马克笔及彩铅进行秀场图的写生练习，找到格子面料的节奏之美，进行不同风格的格子绘制，如图5-24～图5-27所示。图5-24以马克笔的形式表达，上衣为皮装，内搭红色衬衫，裤子采用粗细相间的格子面料，表现格子面料的同时，还注重了腿部造型、动势、明暗的变化，从而引起格子走向的变化，素描效果明显，这一点也是绘制格子面料的难点所在。企业设计稿中也经常会出现格子面料，显然，格子面料非常实用，具有市场性和时尚性，如图5-28所示。

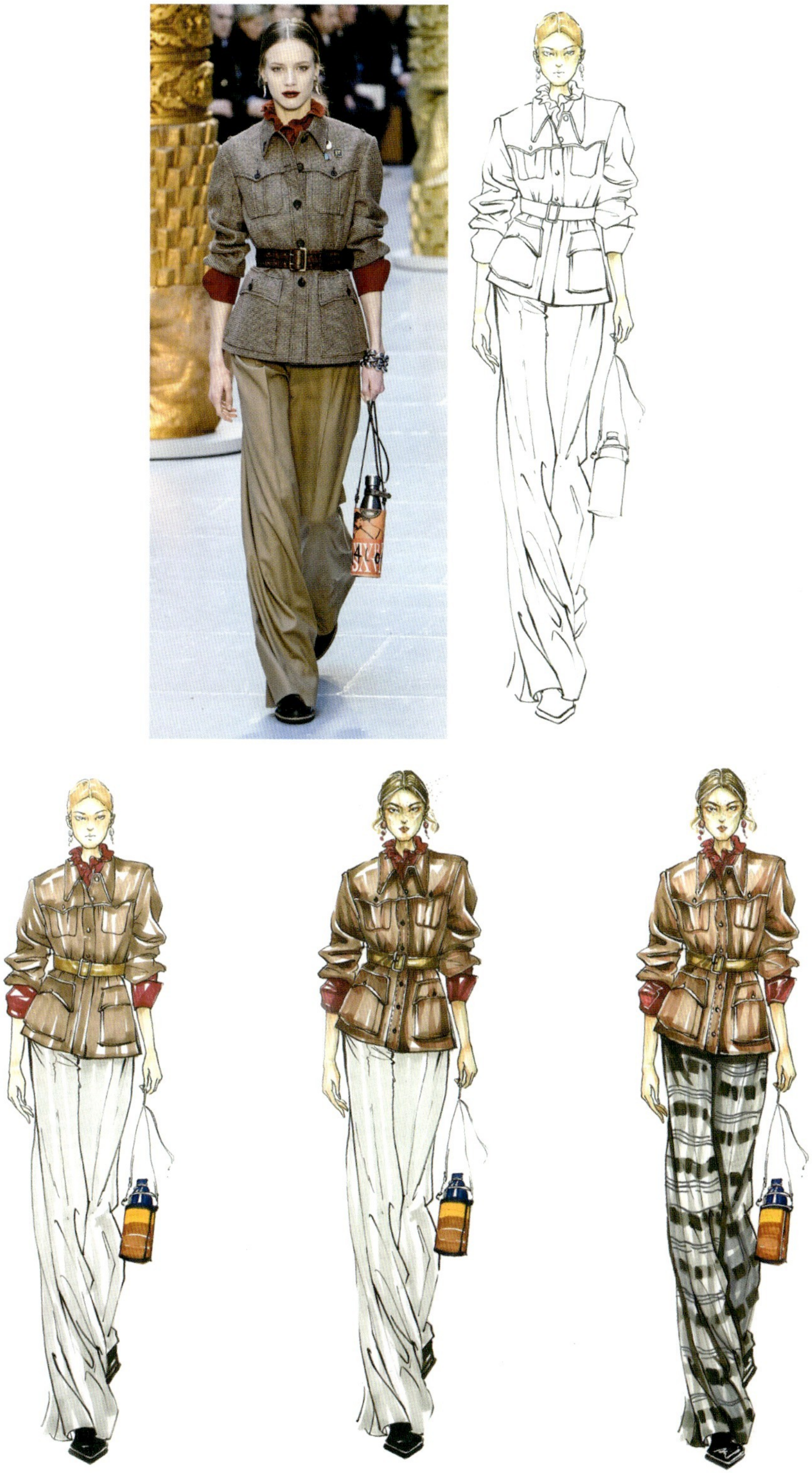

图5–24

图5-25

图5-26

图5-27

图5-28

第七节 | 迷彩

在休闲服饰风格中，迷彩并不少见，而色彩的变化运用更具时尚性，以马克笔的形式表达，上衣为皮装、毛衣，裤子采用与上衣搭配的迷彩面料，整体风格为都市休闲，色彩明亮、时尚，如图5–29所示。迷彩通常以三色表达，根据整体需求而定。

图5–29

第八节 | 花卉、纱质

企业设计稿中，几乎每个季节都离不开花卉的运用，通常以电脑绘制表达，更容易复制、粘贴同一花型，不仅节约了时间，而且效果更加直观，如图5-30所示。而透明纱上的刺绣花纹及亮片更具神秘感和灵动性，可采用马克笔、彩铅等技法呈现，如图5-31所示，以马克笔的形式表达，画面整体连衣裙为纱质，在腰线以下饰以写意花卉，大气、生动、时尚，图案与材质结合巧妙，且具有动感。图5-32以彩铅技法体现，素描关系明显，轻盈而律动。而男士夹克的花纹帅气中增添了隽秀之美，以水彩技法表现，如图5-33所示。企业设计稿中通常采用系列开发的形式，将花纹面料应用到不同款式上，体现面料之美，如图5-34所示。透明纱面料的绘制通透、飘逸，在整体服饰形象中可采取厚薄面料的对比来增强视觉效果和服饰的丰富性，提升视觉冲击力，如图5-35～图5-38所示。

图5-30

图5-31

图5-32

图5-33

图5-34

图5-35

图5-36

图5-37

图5-38

第九节 | 绸缎

绸缎面料垂坠、高贵，通常运用在礼服长裙上，以彩铅或马克笔技法表达，礼服长裙简约大方，整体风格高贵、典雅，滑顺垂坠之感通过明暗关系表现得淋漓尽致，加之冷色调丰富了画面效果，强化了丝绸质感，如图5-39、图5-40所示。而绸缎面料上的织绣花纹更增添了服装的高贵、优雅、精致之感，如图5-41、图5-42所示。

图5-39

图5-40

图5-41

图5-42

思考与练习

1. 皮革、裘皮面料表现技法实践。
2. 动物仿真、蕾丝面料表现技法实践。
3. 毛呢面料表现技法实践。
4. 羽绒服表现技法实践。
5. 针织、牛仔面料表现技法实践。
6. 格子面料表现技法实践。
7. 迷彩面料表现技法实践。
8. 花卉、纱质面料表现技法实践。
9. 绸缎面料表现技法实践。

第5章 图片作者

何依玲（图5-1、图5-2）

沈　菲（图5-3、图5-8、图5-11、图5-13、图5-17、图5-20、图5-24、图5-26、图5-29、图5-31、图5-32、图5-38、图5-40）

沈宇清（图5-4、图5-25、图5-27）

厉若雯（图5-5、图5-9、图5-10、图5-16）

陶源沁（图5-6、图5-8、图5-12、图5-35、图5-39、图5-41）

郝楠楠（图5-7、图5-14、图5-15、图5-22、图5-28、图5-30、图5-34）

何　萱（图5-18）

周瑛琦（图5-19）

沈　滢（图5-21）

岳贝娆（图5-23）

刘瑶瑶（图5-33、图5-42）

顾齐萌（图5-36、图5-37）

第六章

综合时装画赏析

P

Practical Fashion
Painting Techniques

第一节 | 考研备考作品赏析

一、作品1

图6-1作品主题为“再造扎染”，设计理念运用环保染料、草本植物染对服装进行染色，并将服装零部件进行拆解重组，追求服装再使用的绿色设计理念。

设计的灵感源于自然界花朵的形状。对花朵的花瓣与花芯进行分解，将花芯的形状运用在裙子上，将花瓣的形状运用在服装的衣身、下摆等处，将花茎运用在袖子上，对服装进行不同面料的重组，并运用解构的艺术手法，对服装进行分解。而服装色彩上，以植物染为基础，对其他面料也采用相似颜色，烘托整体色调，并营造出环保、淡雅的氛围。

图6-2~图6-9分别以格子、羽绒、花卉、毛皮、针织、牛仔等图案或质地进行设计。整套备考作品风格较为全面。

图6-1

图6-2

图6-3

图6-4

图6-5

图6-6

图6-7

图6-8

图6-9

二、作品2

图6-10～图6-12设计作品简约、时尚，面料丰富，注重整体感和细节的设计，具有一定的视觉冲击力。

图6-10

图6-11

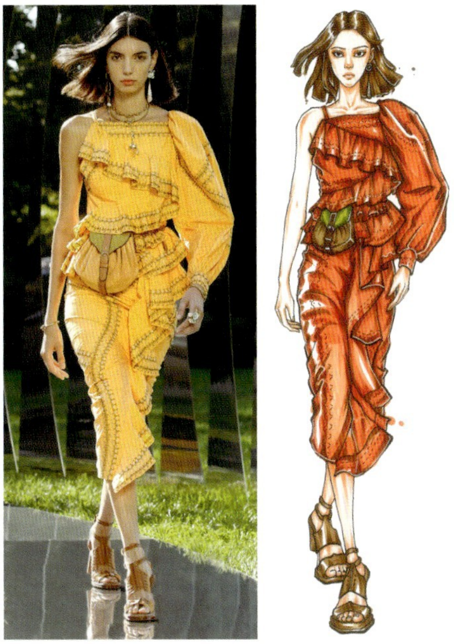

图6-12

三、作品3

图6-13、图6-14作品将旗袍进行了改良，具有不对称的解构主义之美，造型上打破常规，使传统服饰年轻化，色彩靓丽，颇具民族性与时尚性。

图6-13

图6-14

四、作品4

图6-15为国风礼服样式。设计灵感来自“竹”，传达了竹的精神与力量。裤腿上的竹子印花就像一幅水墨画，把竹韵禅意发挥得淋漓尽致。颜色以绿为主，使用了经典白绿搭配，给人以惬意清幽之感。

图6-16在设计中融入卷草纹元素，寓意吉祥，变款西装与宽松内搭的组合带来了休闲气息，色彩上活力紫色搭配伊比萨蓝，为庄重的职业装带来一丝俏皮之感。

图6-15

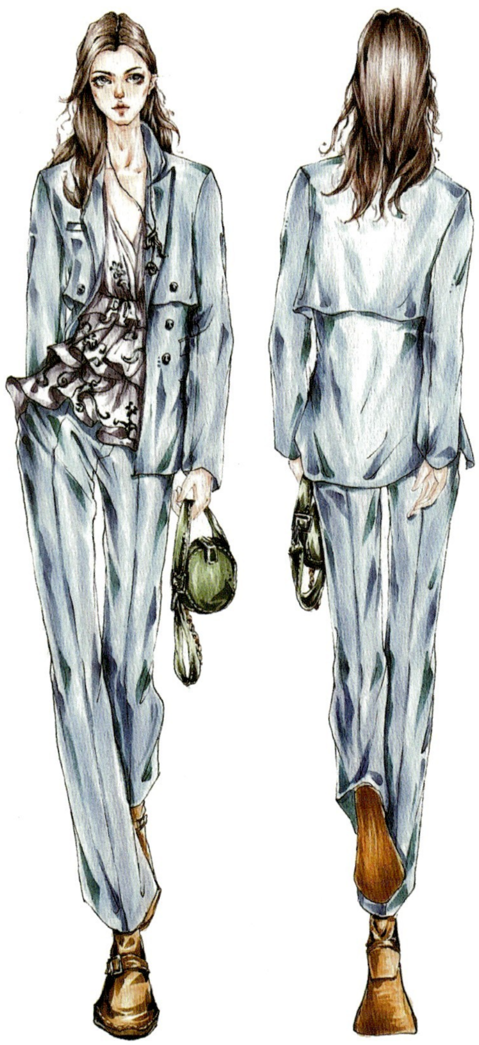

图6-16

图6-17以女性礼服为主要品类，结合中国传统“松纹”图案，将东西方元素进行有机融合。在体现女性优雅魅力的同时不失东方情调。松树四季常青，被人们寄予傲骨铮铮的品格和常青健康的期望，松纹寓意亦是如此。

图6-18以女性礼服为主要品类，结合中国传统纹样——梅纹，将东西方元素相结合，赋予西式礼服以东方神韵，具有吉祥平安之意。

图6-17

图6-18

五、作品5

图6-19作品主题“并生而为”，意为人与自然是相互而为的过程，体现人对与自然和谐共处的向往。图案灵感源于《唐朝仕女图》，采用立体盘绳绣工艺，将云纹、植物纹与格纹相结合。运用薰衣草紫和荧光绿，打造明媚绚烂的视觉感受。服装采用可降解亚麻纤维、有机棉面料、高光泽感面料，加入中式盘扣，采用假两件、可拆卸、不对称等形式，具有多功能性，契合了可持续发展理念。

图6-19

六、作品6

图6-20作品主题为“雨后”，以一场大雨过后所见所闻作为灵感，将气味可视化。服装整体采用棕色和绿色作为主体色，意为雨后青草泥土的气息，明朗且干净。图案采用了简单的台阶式方块。服装运用棉涤交织工艺面料、针织以及薄纱面料，外加黑色皮带的机能感，不同材质的碰撞，似反叛的少女闯入雨后的自然世界。

图6-21作品主题为“城市覆盖”，意在人们希望在繁碎的城市生活里找到另一种生活态度，或自由，或怀旧，或艺术……融合了复古与运动风格，运用红、棕、黑三色的碰撞带来活力。图案采用橙红色格纹、暗红色印花，体现经典复古韵味。运用抗皱的功能面料、针织以及牛仔面料，加入交叠缠绕的镂空条纹设计，装饰在袖口等部位，体现运动感的同时带有休闲时尚风格。

图6-20

图6-21

七、作品7

图6-22作品主题为“归隐”，以不对称设计和刺绣图案来体现现代时尚与传统中国风元素结合带来的视觉冲击。选用高记忆纤维面料与全棉面料为主的搭配设计，局部选用金属环扣装饰；款式上采用A型落肩的造型，使整体设计更加饱满，搭配简约的裤子，主次分明；色彩上采用蓝色系、紫色系、大地色系相结合的设计。

图6-22

八、作品8

图6–23为写生秀场图练习，注重人体及动态的表达，职业休闲风格，干练、简约、时尚，色彩运用沉稳、调和。

图6–23

第二节 | 服装设计大赛作品赏析

图6-24作品主题为“REGRESSION”，设计灵感源于赛博朋克风格，主张人类与环境共存，呼吁生态平衡。多功能性口袋与服装相结合，体现人类与服装的密切关系，采用Tpu镭射面料，主色调使用蓝色与青色系与多种色彩融合，主张回归真我世界，提倡性别无界限。

该作品在第十九届瓦西里耶夫国际时装艺术节暨舞台艺术创意服装设计大赛中获最佳创意奖。

图6-24

图6-25作品主题为“叠·置”，多元文化的整叠与置换，当把地震、108“罗汉娃”、全素、感恩，叠穿在一起，让我们有了更多思考。环保、再生、可持续时尚，成为设计的源动力，使设计有更多的可能……作品将可回收服装进行解构、构架与未来交融，层出不穷的整叠与置换形成概念。该作品在浙江省第三届大学生服装服饰创意设计大赛中获二等奖。

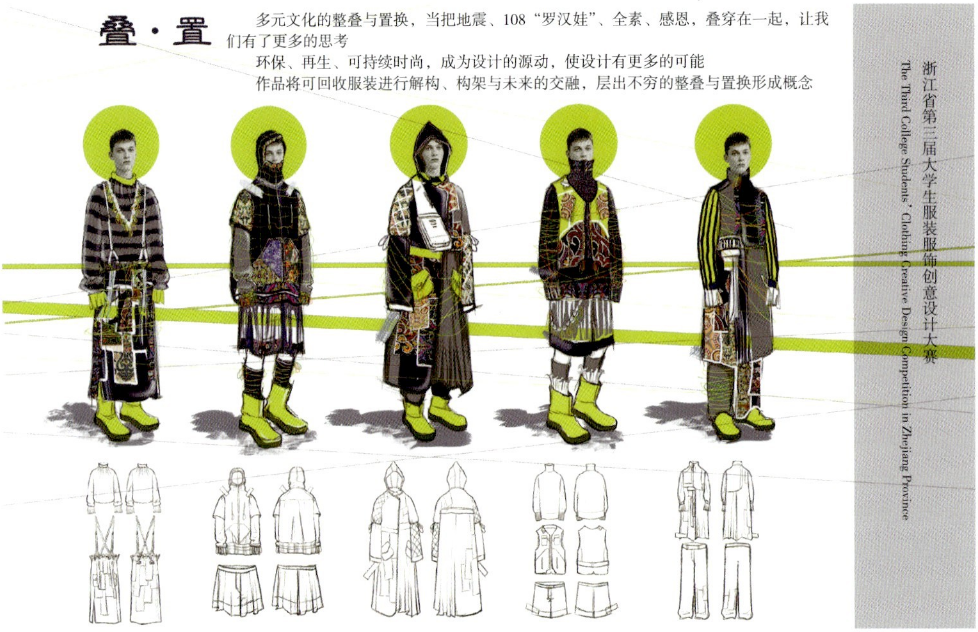

图6–25

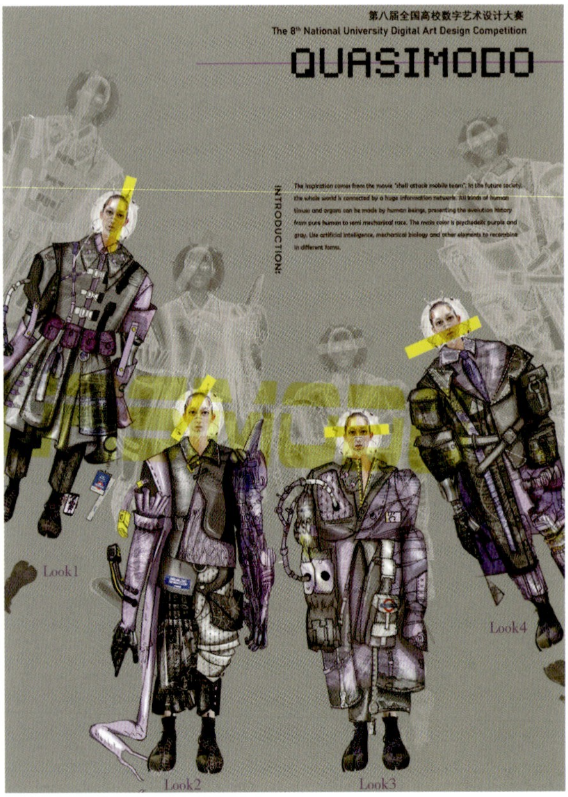

图6–26作品主题为“QUASIMODO”，灵感来源于电影《攻壳机动队》。在未来社会，全世界被庞大信息网络连为一体，人类的各种组织器官均可被人造化，上演纯人类到半机械种族的进化史。色彩上提取迷幻紫、灰为主要色。运用人工智能、机械生物等元素，以不同的形式重新组合。

该作品在第八届未来设计师·全国高校数字艺术设计大赛中获全国总决赛一等奖。

Look1

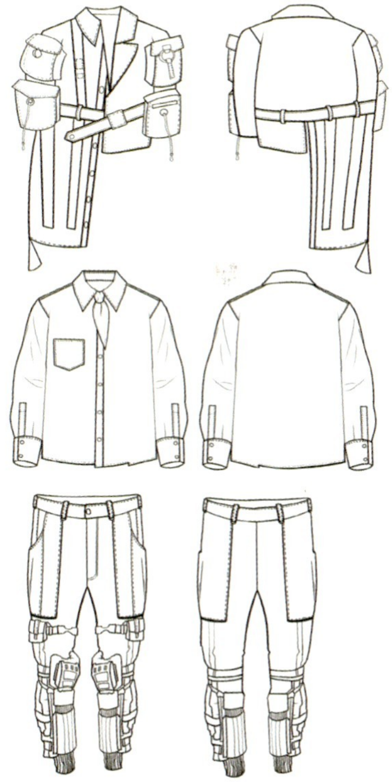

Look2

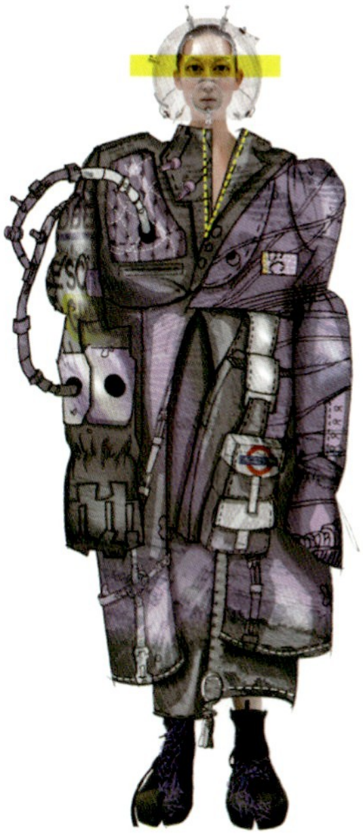

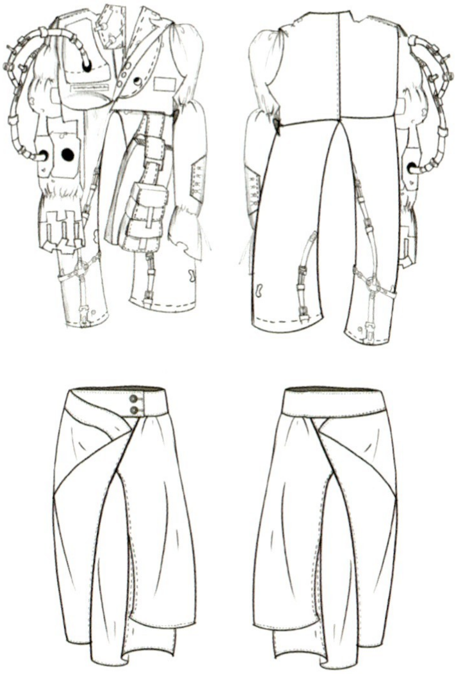

图6-26

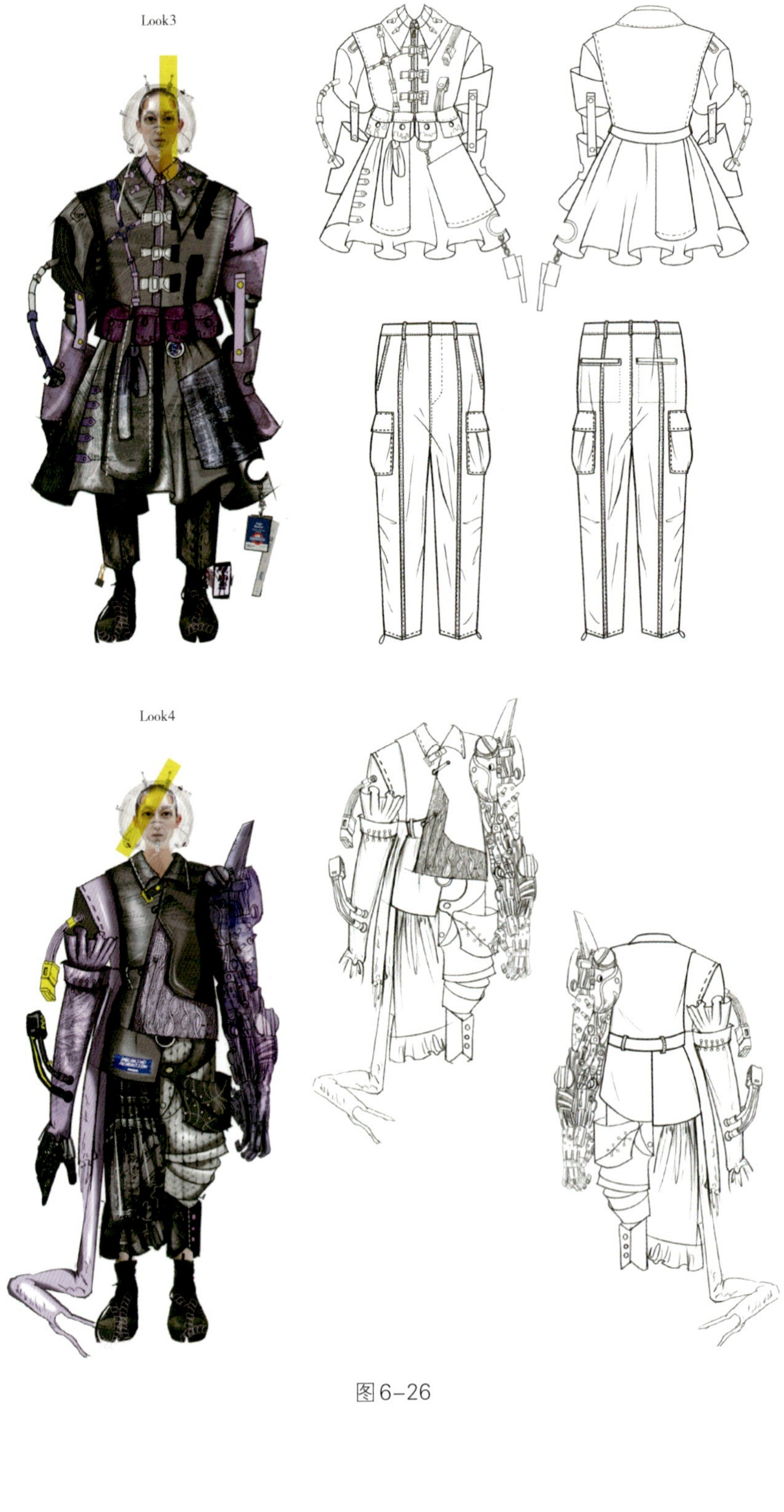

图6-26

图6-27系列作品以“阿尔塔米拉洞穴壁画”为灵感来源，探索原始艺术中朴素技艺对情感的表达及对意识的探求。

该作品在第八届未来设计师·全国高校数字艺术设计大赛中获全国总决赛一等奖。

图6-27

图6-27

图6-28作品主题为“源本自然，逐空寻静”。已经用过很久的制件，路边枯萎的花花草草……这些让人感叹时光变迁的景象，为我带来的是极为丰富的生活智慧。在这一系列作品中，我尝试去探索自然力量中的残缺之美，领会一花一石一木，感受这岁月蹉跎为我们彼此、为这个世界留下的种种痕迹。该作品在浙江省第三届大学生服装服饰创意设计大赛中获一等奖。

图6-29作品主题为“Relink”。设计以后疫情时代为背景，长期的封控隔离使得人们与外界的联系变得淡漠且脆弱。以神经元网络、DNA螺旋结构和蝶翼为灵感源，采用航天服面料，利用激光雕刻、3D打印等技术，唤起人与自我、人与世界的重新连接，鼓励人们去探索自然、探索宇宙，凸显未来精神主义。该作品在第十一届未来设计师·全国高校数字艺术设计大赛中获浙江省一等奖。

源本自然，逐空寻静
2019年浙江省大学生服装服饰创意大赛
2019 Zhejiang University Student Costume Creative Competition
part .4
源本自然，逐空寻静
款式图
Costume diagram
Look1
Look2
Look3
Look4
Look5

图6-28

2023 NCDA Awards 11Th
第十一届未来设计师·全国高校数字艺术设计大赛
11th National College Digital Art&Design Awards

Relink

图6-29

图6-30作品主题为“渡舛”，灵感来源于神话传说《精卫填海》，该传说赞誉精卫“以小胜大，以弱胜强，卓而不决，持之以恒，坚韧不拔”的精神。激励后人“明知不可为而为之，明知徒劳无功而为之，明知只有莫大流血牺牲而难见最后成功而为之。”在先秦文化背景下，提取了上衣下裳的结构特点，以服装语言表现这一神话所传达的精神。该作品在第十届“石狮杯”全国高校毕业生服装设计大赛中获男装组银奖。

图6-30

图6-31作品主题为“围城”，线条以城墙元素为主体装饰设计而成，并列的凸块形成丰富的光影效果，立体感十足，凸块上的弧面与上下两端弧面边框形成呼应，将曲与直完美融合，大气而典雅。该作品在第十届“石狮杯”全国高校毕业生服装设计大赛中获女装组铜奖。

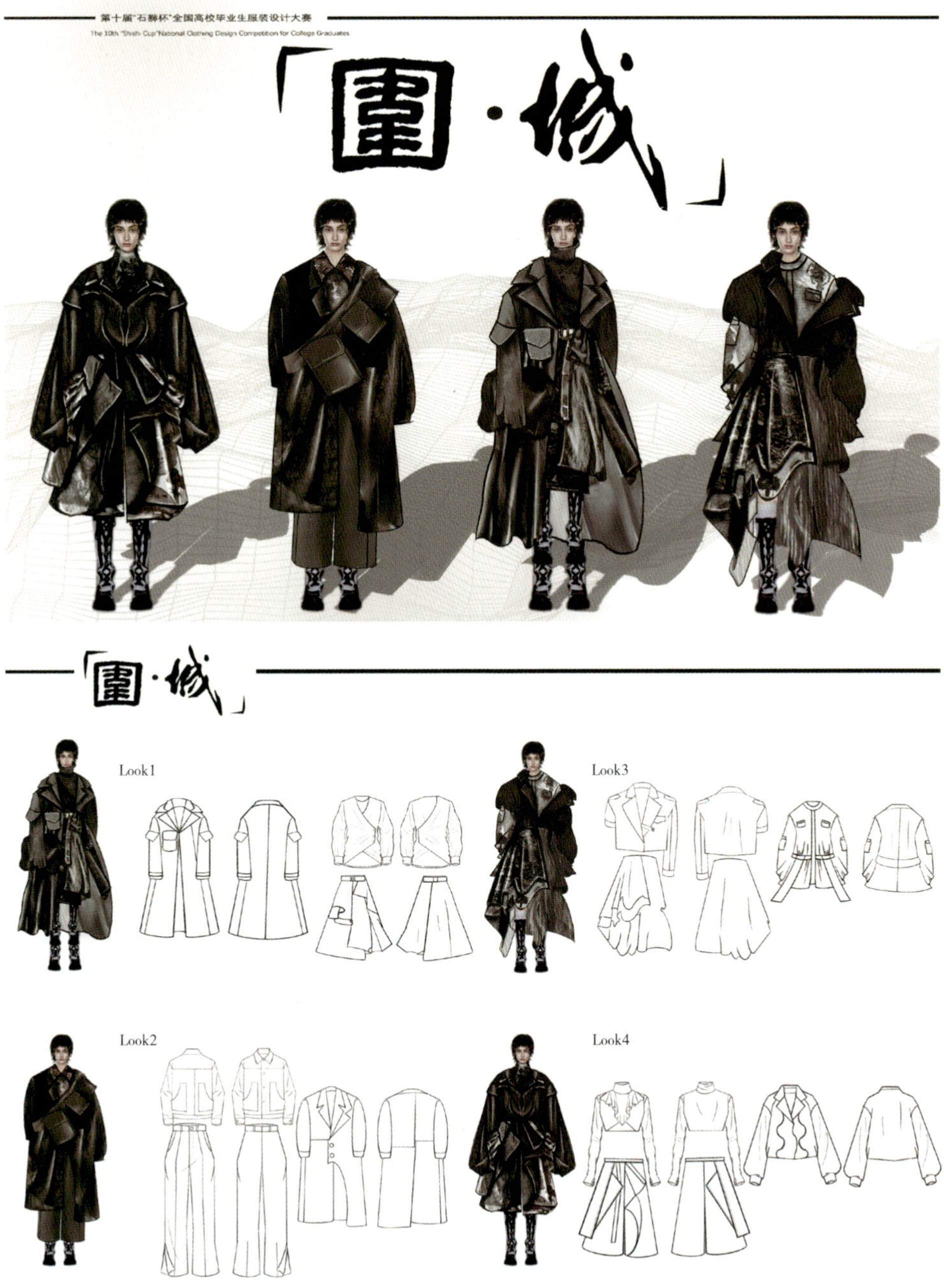

图6-31

图6-32作品主题为“后浪——声·生不息”。作为新时代的后浪，肩负着时尚产业的新生力量，中国文化的血脉传承……

声，青春的呐喊。

生，理想的绽放。

后浪，声·生不息……

该作品在第八届未来设计师·全国高校数字艺术设计大赛中获全国总决赛二等奖。

图6-32

图6-33作品主题为“无畏”。“百折千回心不退。无畏方能施无畏……”本系列作品设计灵感来源于中国传统古建筑，将其与五行学说中代表大河之水的北方——黑色相结合，传统与现代的碰撞，皱褶堆叠成裳，线迹勾勒山河日月图，通过厚重的造型表现文人墨客的含蓄内敛，面对困难无所畏惧的侠客精神。传统文化与时尚相融合，通过服装设计展现中国传统无畏精神。

该作品在第八届未来设计师·全国高校数字艺术设计大赛中获浙江省一等奖。

图6-33

图6-34作品主题为“征途”。灵感来源：“一代人有一代人的长征，一代人有一代人的使命。”时代接力棒已经传到我们手里，我们该踏上征途，传递一份勇敢无畏的年轻人的精神。

设计说明：廓型与款式灵感来自中国古代军装和近代军装，将令人肃然起敬的长征英雄的军人气势融入服装，融入年轻人的日常生活，体现一种完美的精气神，主要采用牛仔面料，同时在面料上辅以喷绘的装饰手法，增加年轻、生动之感。

该作品在第十届未来设计师·全国高校数字艺术设计大赛中获全国总决赛三等奖，浙江省一等奖。

图6-34

图6-35作品主题为“东方欲晓”。灵感来源：毛泽东《清平乐·会昌》：“东方欲晓”“风景这边独好。”辉煌成就已载入民族史册，美好未来正召唤着我们去开拓创造。未来即将踏入元宇宙时代，年轻人开创新风采，走向新时代。

设计说明：款式及廓型结合了中国古代军装造型以及航天器材，面料搭配夹丝棉空气提花面料以及水墨肌理再造面料，打造出国风科技感和一种从过去走向未来的效果。

该作品在浙江省第六届大学生服装服饰创意设计大赛中获二等奖。

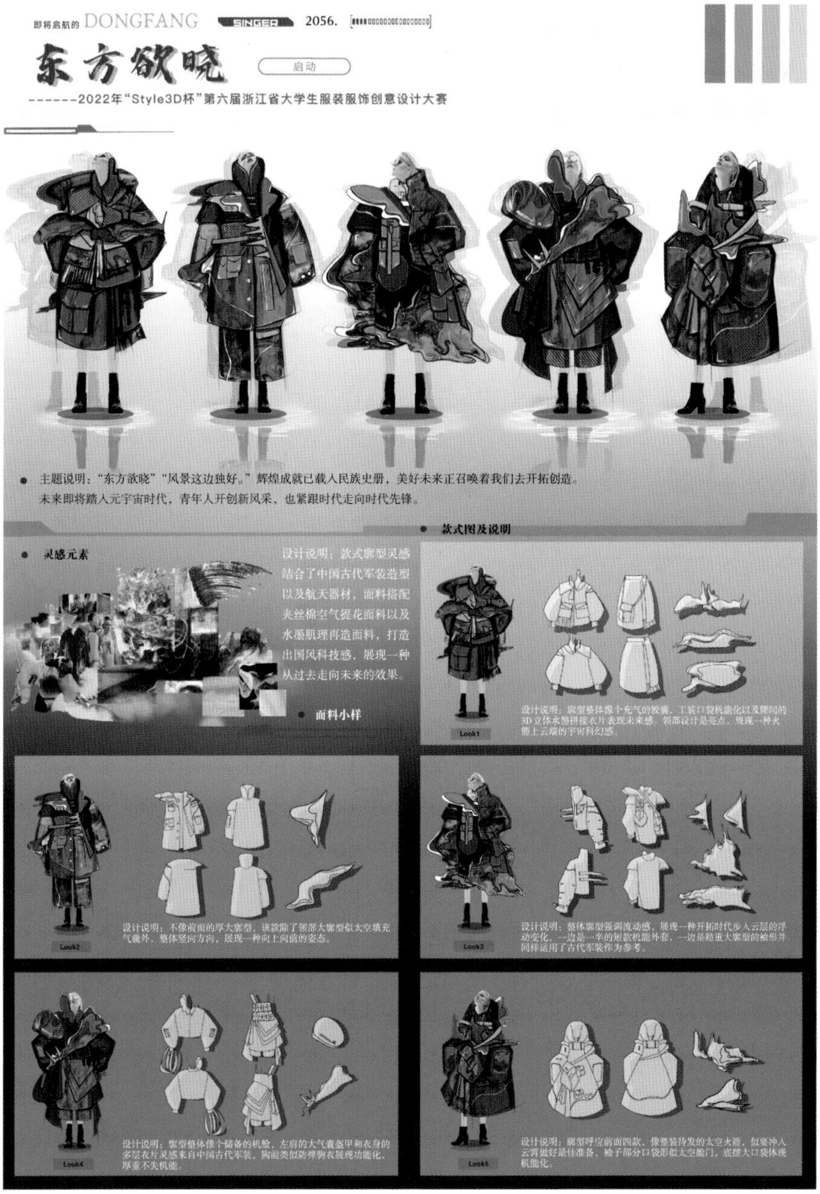

图6-35

图6-36以“规则世界”为设计主题，将规则的几何结构和不规则的线条对比碰撞，用透明和非透明的光栅材质通过3D打印技术和激光切割表现不同面料效果的几何立体呈现，表现出不同的视觉感受，传达出“在这不断更新的时代中，需要反复跳跃在规则与不规则之间，寻找平衡点。”

该作品在浙江省第五届大学生服装服饰创意设计大赛中获一等奖。

图6-36

图6-37作品主题为“Techno Style”，灵感来源于法国电视剧《镜像人生》，这是一部扣人心弦的科幻电影，通过探索平行世界的错乱以及引发蝴蝶效应的奇幻旅程，引发人们对科技与平行时空的深刻思考。该作品在浙江省第七届大学生服装服饰创意设计大赛中获一等奖。

绘制过程如下：

第一，草图绘制，可以单色，纯线稿。颜色可以在3D软件中进行直观调试，使用工具/软件：铅笔手绘、Procreate。第二，确定款式后，CAD绘制基本板片，之后在Style 3D软件内缝合并微调板型。使用工具/软件：Et CAD、Style 3D。第三，在Style 3D软件内设置板片/服装图案、颜色、质感，并加入扣子、拉链等辅料。使用工具/软件：Style 3D。第四，设置虚拟模特姿势、妆容、发型、首饰、鞋饰，加入灯光，调整相机视角后渲染。使用工具/软件：Style 3D。第五，追求更加精细光效，可使用虚幻5引擎进行渲染。

图6-37

第三节 | 民族性与世界性的体现

本节对融入民族情感的设计作品进行讲评，以体现“民族的才是世界的”，提升“文化自信”及“家国情怀”。作品处处体现中国元素，旨在引导中国学生能设计出更多更好的、具有民族性和世界性的作品。

图6-38作品主题为“鳞”，以《山海经》为设计源泉，灵动而神秘。在第九届未来设计师·全国高校数字艺术设计大赛中获全国总决赛一等奖。设计说明：这是一个高速发展的时代，每个人都身处于快节奏的互联网洪流中，对自我的追求也达到

图6-38

了前所未有的程度。这是一个广博的世界，它就像海洋一样，孕育也包容着所有栖息其中的生命。正因为人无完人，所以不必被强加给自己的束缚困住脚步，不必画地为牢。世界很大，足够容纳下你的每一次尝试和每一处瑕疵。系列作品灵感来自《山海经·海经》中海洋生物的色彩和鳞片，灵动而神秘。系列配色根植于自然，带来欢乐、愉悦、平静的情绪感受。迷幻弹力针织面料、防护性半透明面料和侵蚀数码印花皮革面料彰显出治愈特质和滤镜效果，采用立体压模工艺将压烫贴材和当下流行的其他工艺组合进行设计，具有空间感和未来感。

图6-39作品主题为“苗家印象”，苗族服饰纹样是苗家人多元文化交流的载体之一，体现了独特的民族审美个性。该作品以苗族纹样为灵感来源，提取苗族纹样中的蝴蝶纹、鱼纹、凤凰纹、几何纹等纹样的相关元素。在细节上，结合当下流行的功能扣袢、层次解构、拼接设计、新中式等元素进行设计。色彩上以蓝绿色为主，结合2024年流行的冻冰色、蜡松石蓝、碧海蓝等颜色，给后疫情下的人们带来放松和宁静的感觉。面料上，采用毛呢、高密度欧根纱、全棉布等，提升穿着舒适性。该作品以新的形式展现了美丽的苗族服饰文化。该作品在第十一届未来设计师·全国高校数字艺术设计大赛中获全国总决赛一等奖。

图6-39

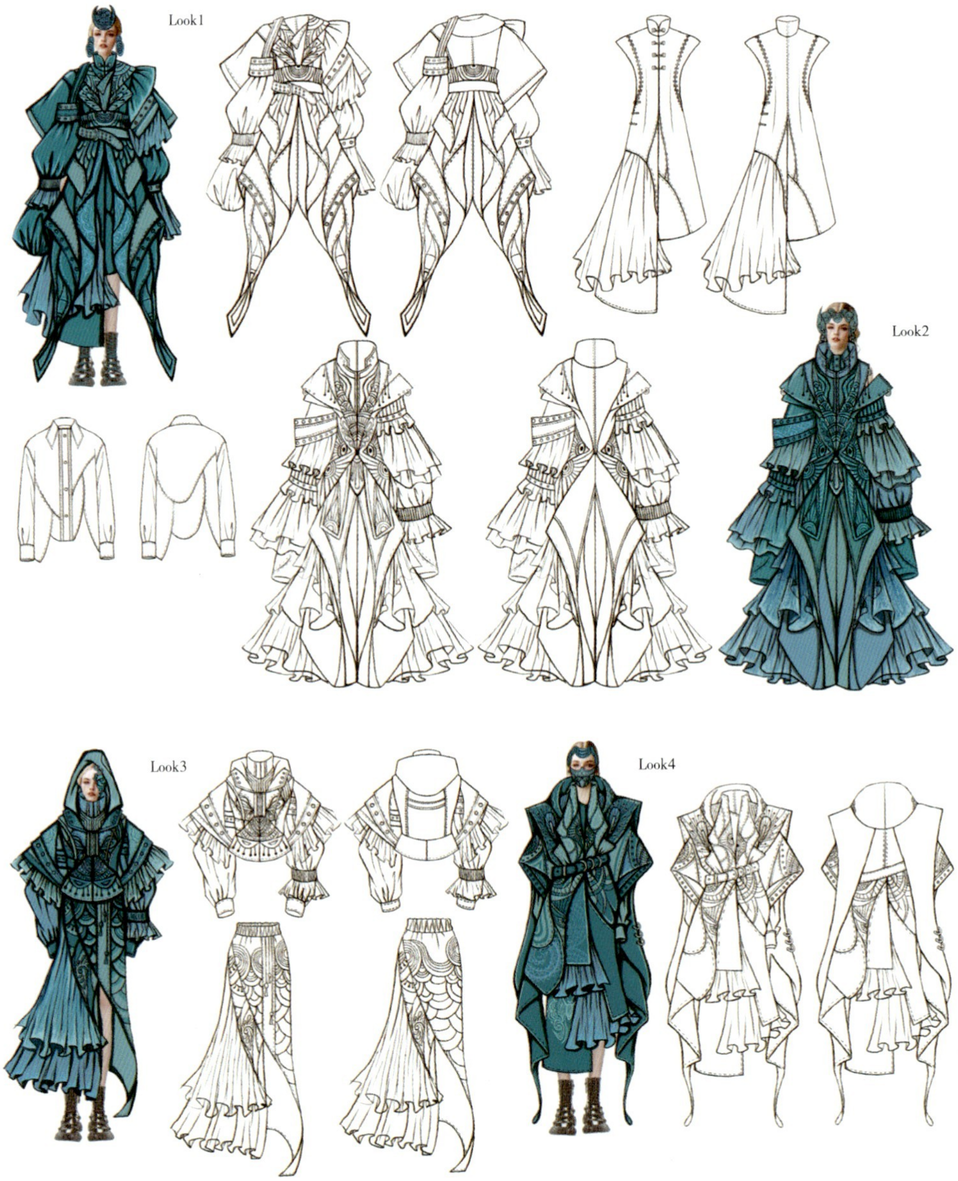

图6-39

图6-40作品主题为“竹”，以中国画中墨竹为灵感，参赛2021米兰设计周中国高校设计学科师生优秀作品展，用服装的语言诠释了中国文化的博大精深。

图6-40

图6-41作品主题为“‘消失的’驯鹿”，在第四届中国（浙江）民族服饰设计展演中获“入围奖”。设计灵感来源于使鹿部鄂温克族，他们以狩猎和饲养驯鹿为生，驯鹿是他们生活的重要组成部分。色彩上以棕色系为主，大地的颜色给人以沉稳、质朴和厚重的感觉，也代表了鄂温克民族的性格特征。在面料上，以人造皮毛一体面料搭配呢料为主，厚实保暖，符合当下可持续性时尚环保的设计理念。该作品以鹿角作为主要元素，体现立体装饰，增强了趣味性，为传播优秀的民族文化贡献绵薄之力。

图6-41

图6-42、图6-43作品主题分别为“绳染山河”“波澜”，采用绳染、现代扎染技艺进行服装设计，兼具民族性和时尚性。

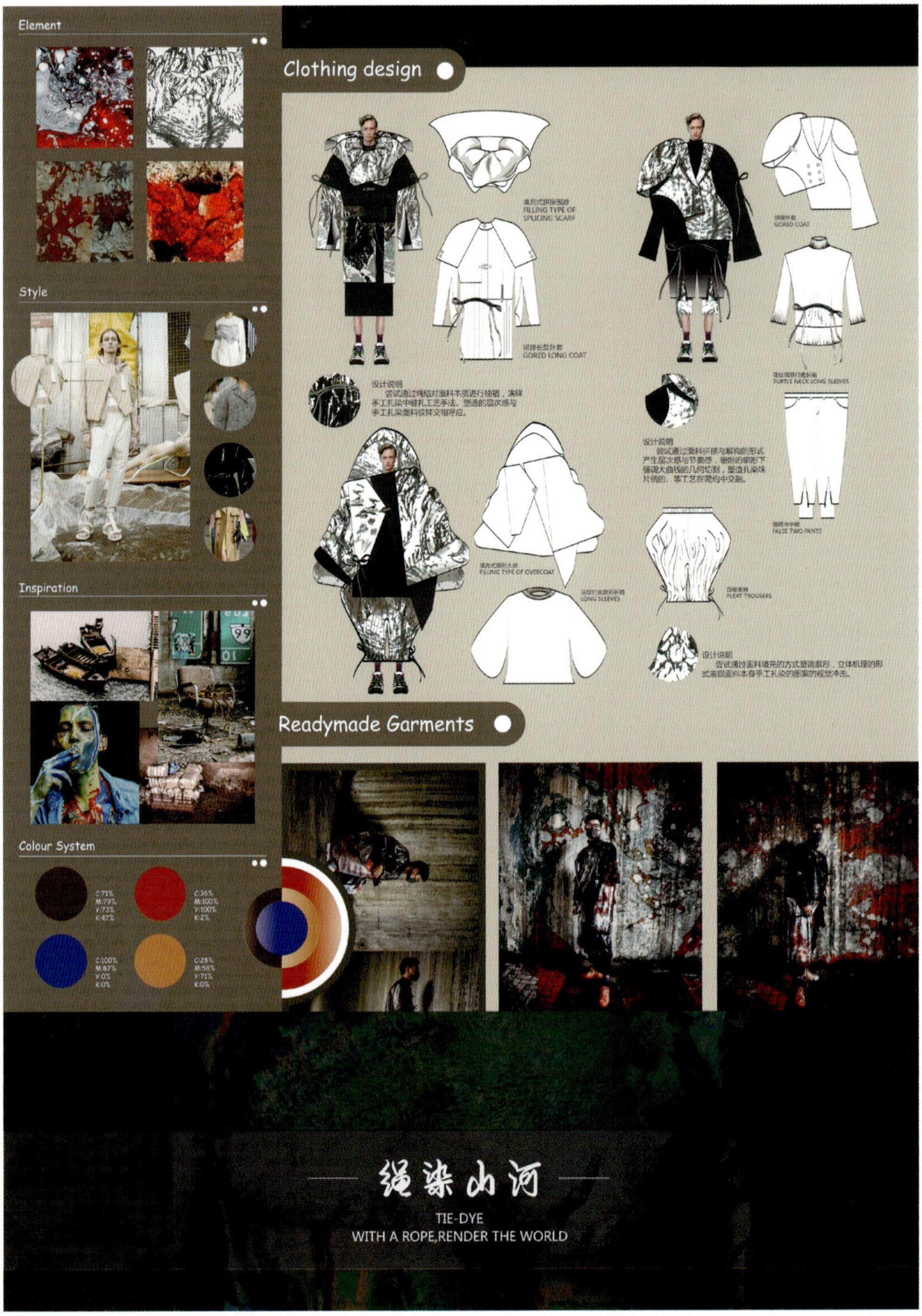

图6-42

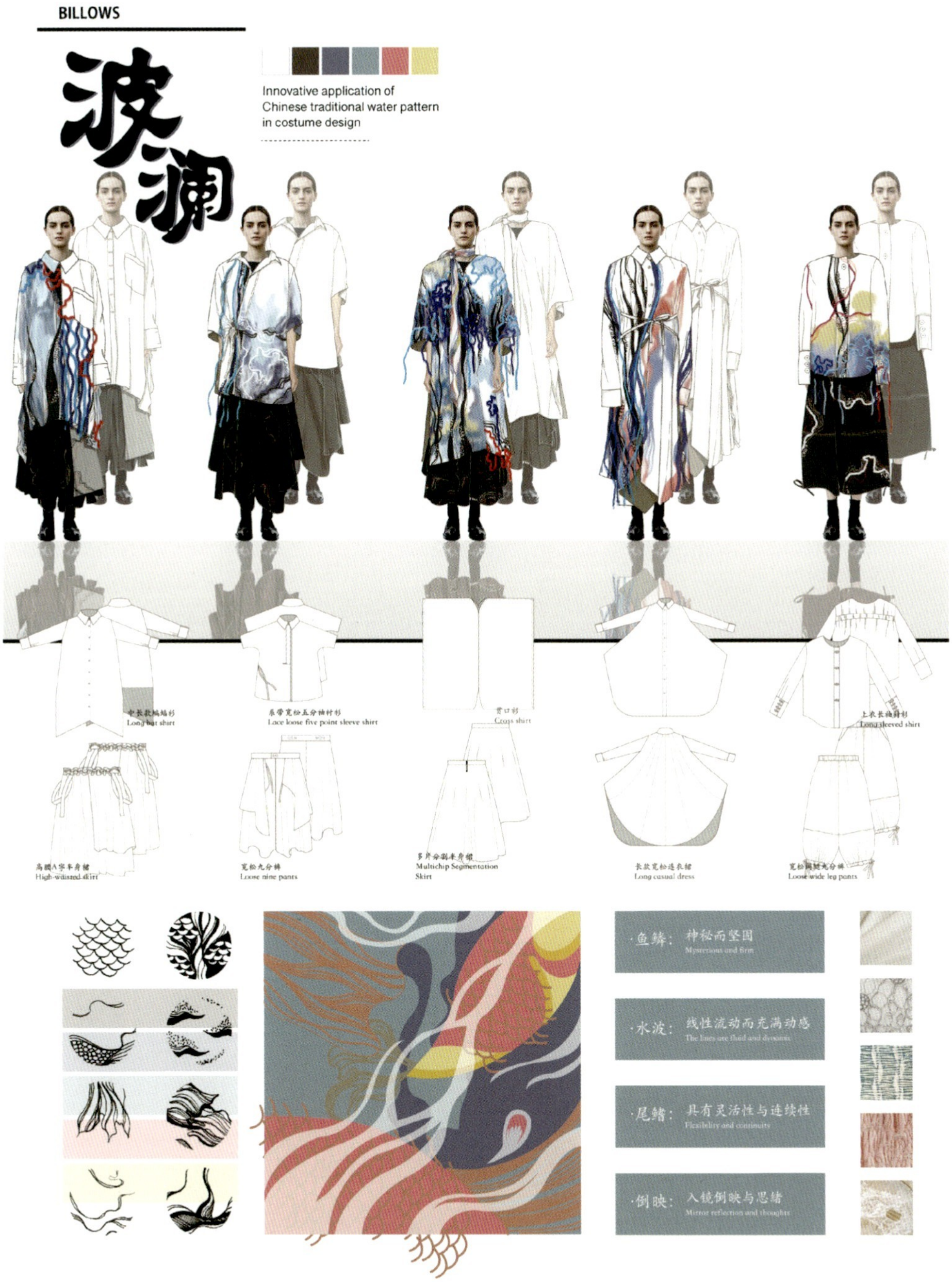
BILLOWS
波澜
Innovative application of Chinese traditional water pattern in costume design
Long bat shirt
Lace loose five point sleeve shirt
贯口衫
Cross shirt
上衣长袖衬衫
Long sleeved shirt
Multichip Segmentation Skirt
长款宽松连衣裙
Long casual dress
High-waisted skirt
宽松九分裤
Loose nine pants
Loose wide leg pants
·鱼鳞：神秘而坚固
Mysterious and firm
·水波：线性流动而充满动感
The lines are fluid and dynamic
·尾鳍：具有灵活性与连续性
Flexibility and continuity
·倒映：入镜倒映与思绪
Mirror reflection and thoughts

图6-43

思考与练习

1. 考研备考作品适用的表现技法有哪些？
2. 选择性地参加服装设计大赛。
3. 民族元素在设计作品中的运用实践。
4. 简述民族性与世界性的关系。

第6章 图片作者

胡庆瑞（图6-1~图6-9）
汪佳瑶（图6-10~图6-12）
沈　菲（图6-13、图6-14、图6-24、图6-25）
岳贝娆（图6-15~图6-18、图6-27、图6-28、图6-40）
胡高阳（图6-19、图6-39）

厉若雯（图6-20、图6-21）
戴月莲（图6-22）
顾雅宜（图6-23）
林思怡（图6-26）
曾　茜（图6-29、图6-38）
谢莉艳（图6-30）
胡诗倩（图6-31）

郑鹏辉、瞿丽文（图6-32、图6-33）
王　可（图6-34、图6-35）
鲁晓芬（图6-36）
尤佳杰、周益凯（图6-37）
胡城凤（图6-41）
祁泽宇（图6-42、图6-43）

第七章

企业设计稿展现

P

Practical Fashion
Painting Techniques

第一节 | 雅莹集团股份有限公司

图7-1~图7-7为雅莹集团股份有限公司的设计稿，以效果图的形式表达。

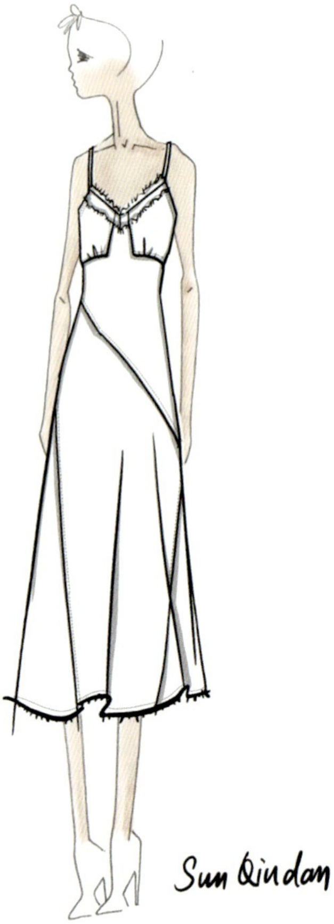

图7-1

图7-2

图7-3

图7-4

图7-5

图7-6

SCJ017
点击进入直播间
·STUDIO
0.2-0.5-0.8cm
三线
0.1-0.6cm
0.1cm
三线
注：
①口袋、袖口、
都是双线
同领子

图 7-7

第二节 | 宁波玖岳服饰有限公司

图7-8~图7-14为宁波玖岳服饰有限公司的设计稿，以款式图的形式表达。

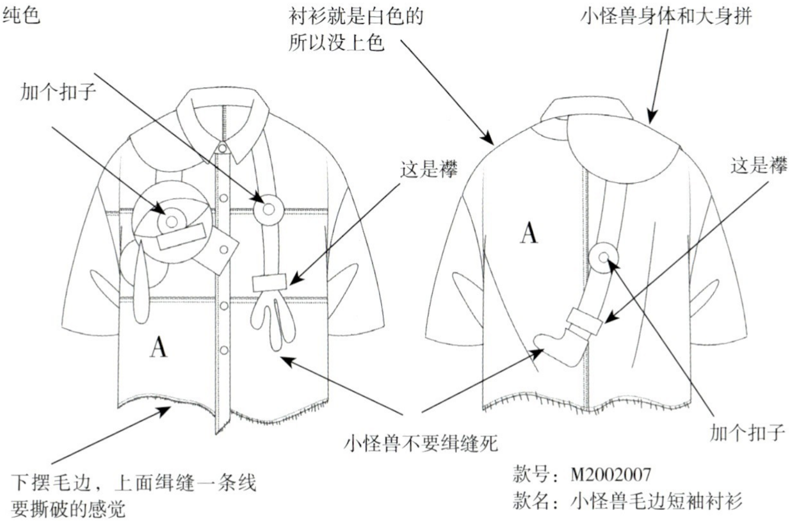

图7-8

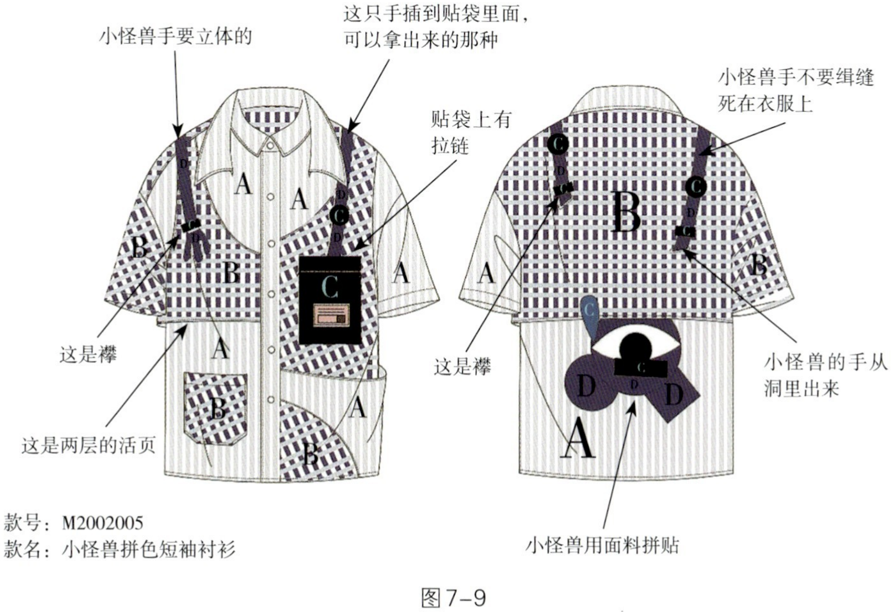

图7-9

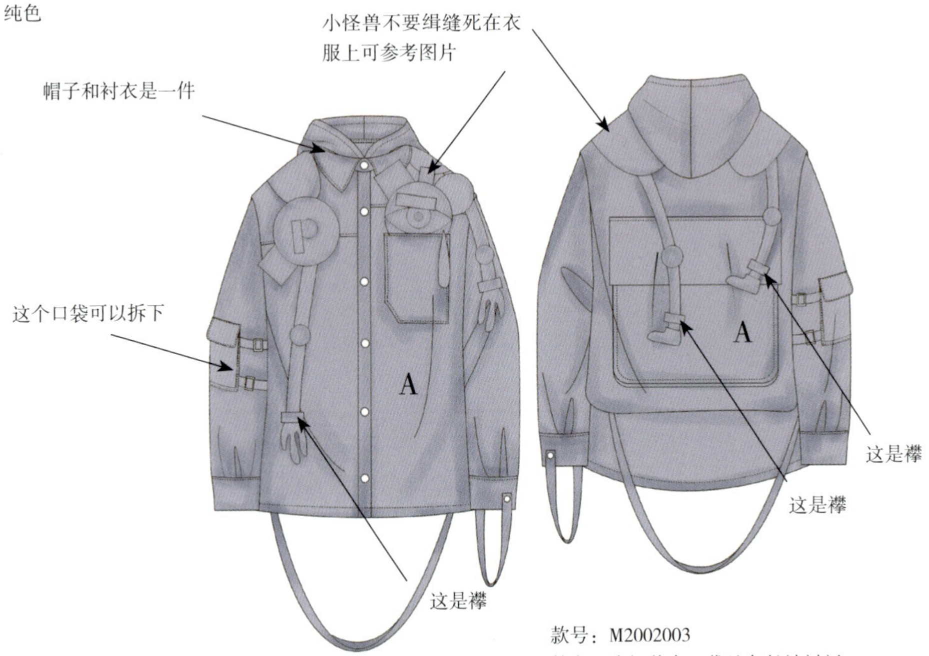

款号：M2002003
款名：小怪兽大口袋纯色长袖衬衫

图7-10

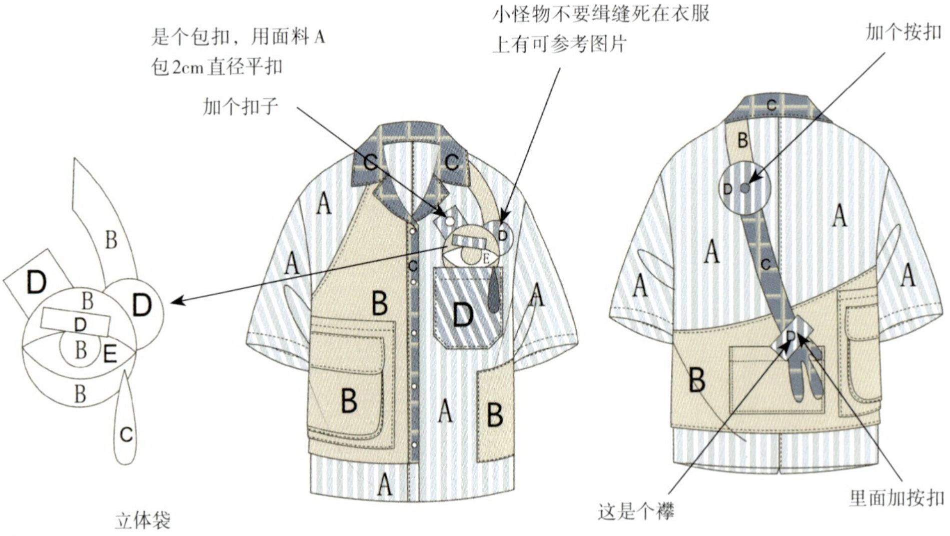

注：小怪兽是可以拆卸的

款号：M2002001
款名：小怪兽短袖拼色衬衫

图7-11

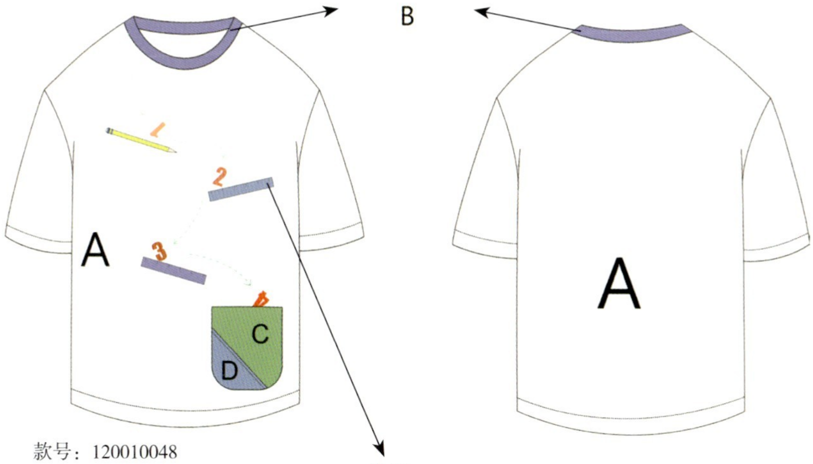

款号：120010048
款名：数字滚落T恤

图7-12

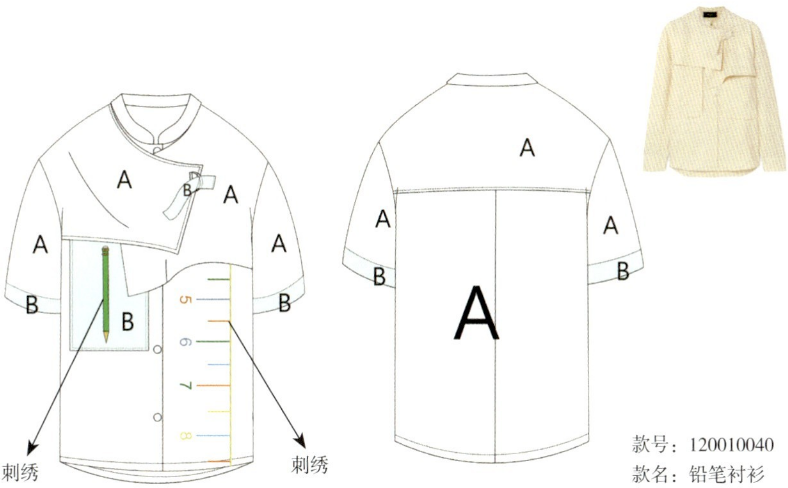

款号：120010040
款名：铅笔衬衫

图7-13

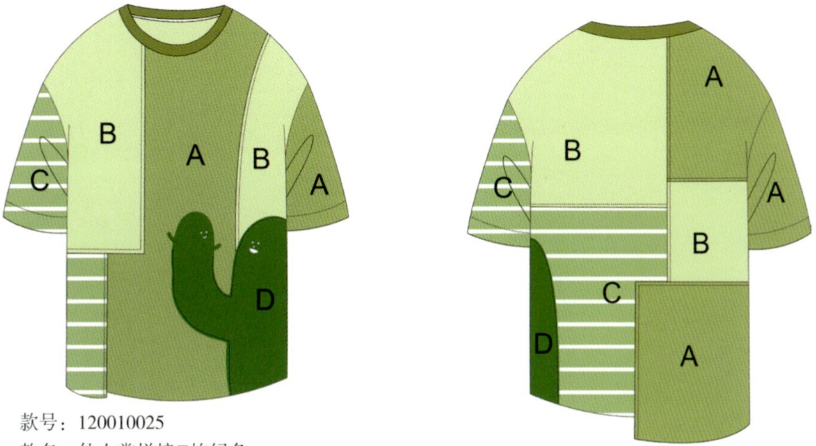

款号：120010025
款名：仙人掌拼接T恤绿色

图7-14

第三节 | 杭州源墨服饰有限公司

图7-15~图7-18为杭州源墨服饰有限公司的设计稿，以手绘款式图或效果图的形式表达。

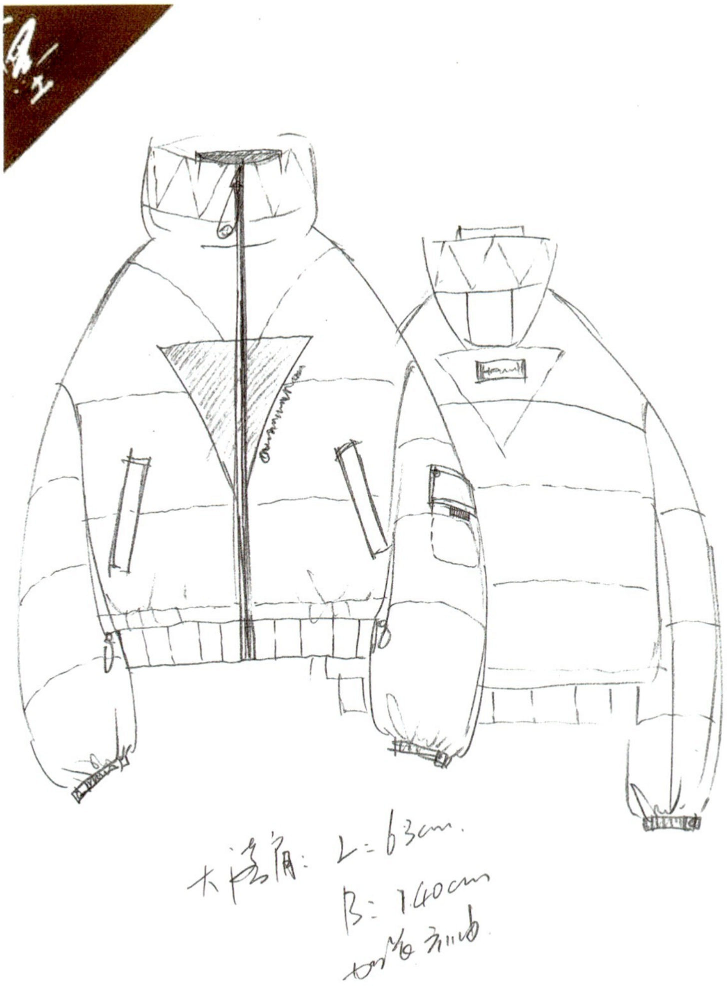

图7-15

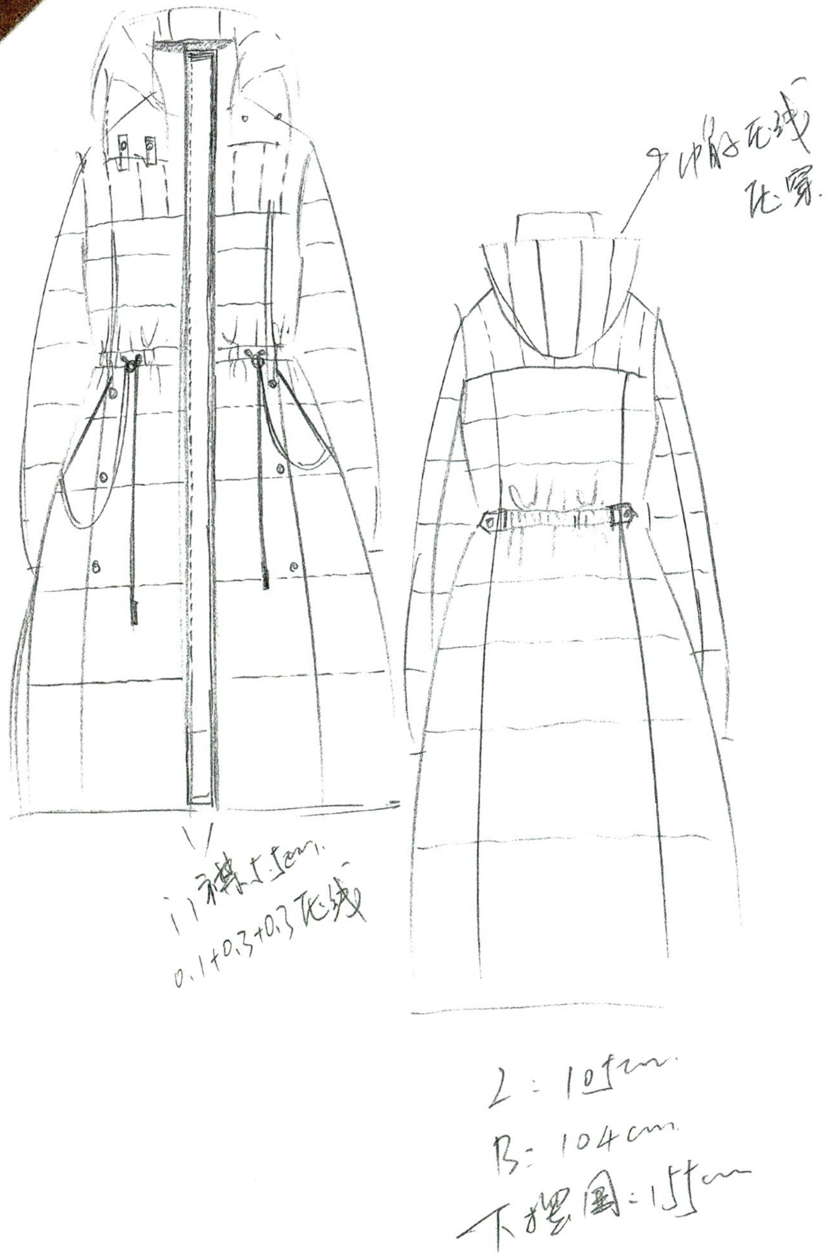

图7–16

图7-17

图7-18

第四节 | 嘉兴市一布一生设计有限公司

图7-19～图7-23为嘉兴一布一生设计有限公司设计稿，以款式图的形式表达。

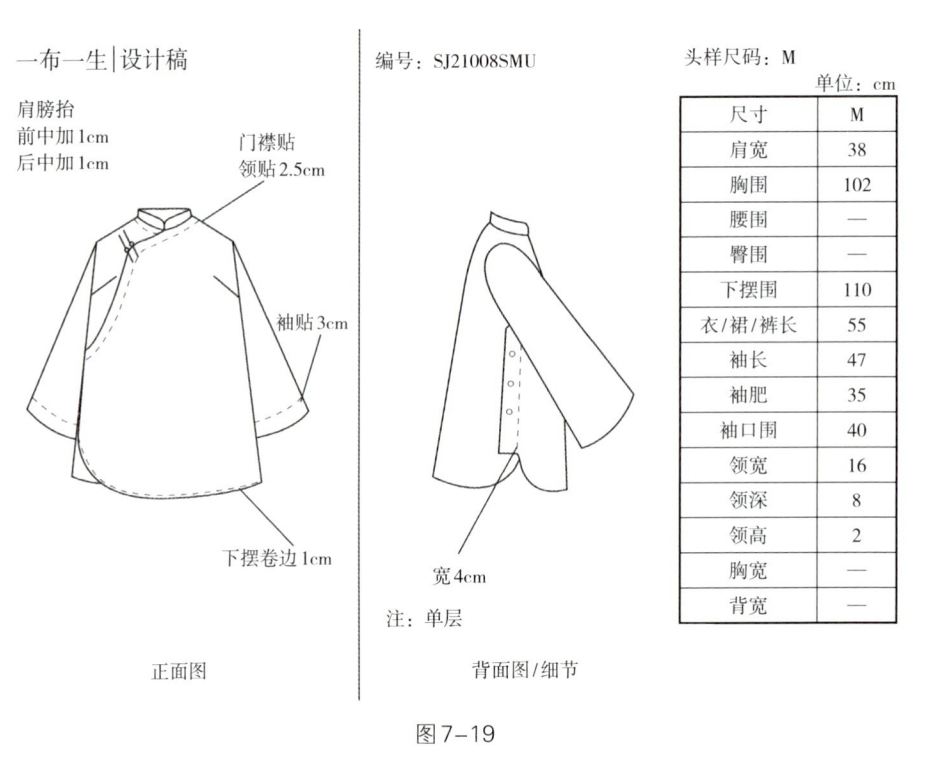

一布一生|设计稿

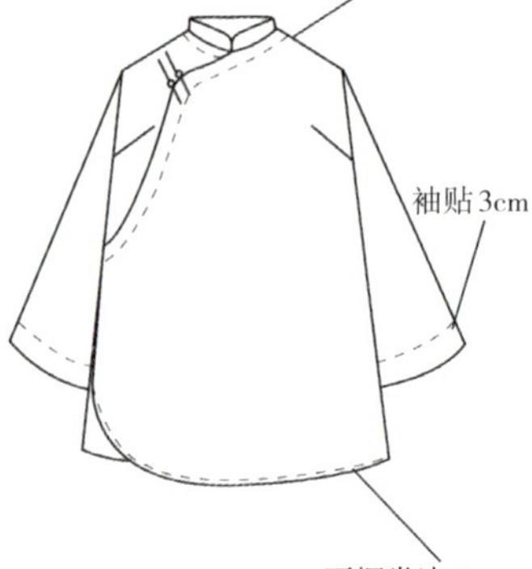

正面图

编号：SJ21008SMU

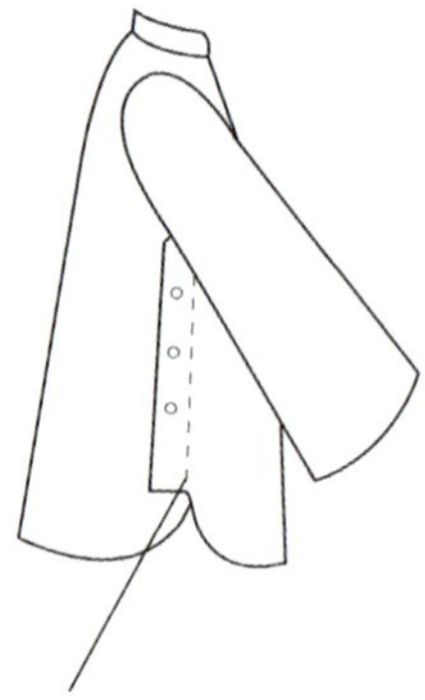

注：单层

背面图/细节

头样尺码：M

单位：cm

尺寸	M
肩宽	38
胸围	102
腰围	—
臀围	—
下摆围	110
衣/裙/裤长	55
袖长	47
袖肥	35
袖口围	40
领宽	16
领深	8
领高	2
胸宽	—
背宽	—

图7-19

一布一生|设计稿

胸省上移1.5cm
胸省加2cm
裙摆打直
衣长：前120cm
后122cm

编号：AD210035UW

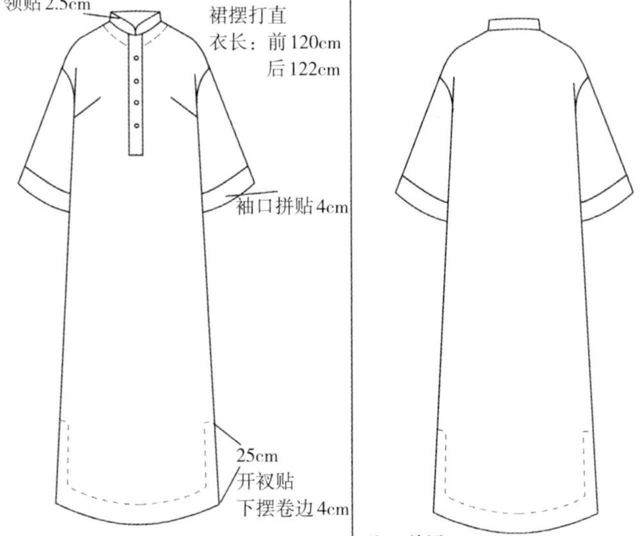

注：单层

正面图　　背面图/细节

头样尺码：M

单位：cm

尺寸	M
肩宽	52
胸围	102
腰围	—
臀围	—
下摆围	118
衣/裙/裤长	120
袖长	25
袖肥	40
袖口围	43
领宽	16
领深	8
领高	3
胸宽	—
背宽	—

图7-20

一布一生|设计稿

编号：AN21028SNM

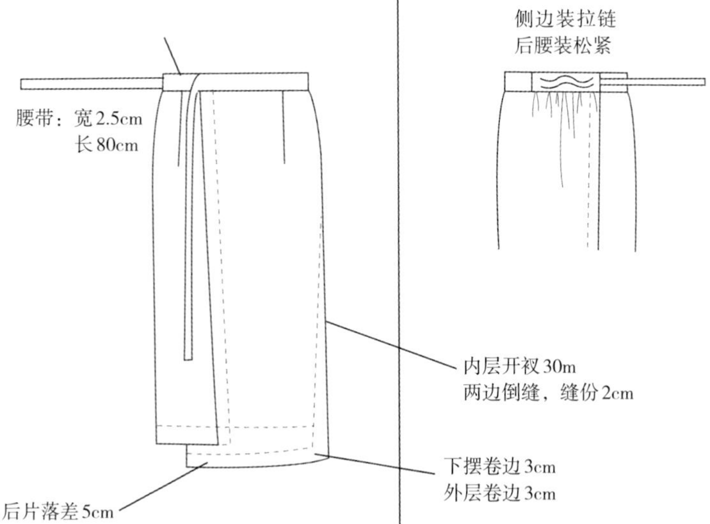

正面图　　背面图/细节

头样尺码：M

单位：cm

尺寸	M
肩宽	—
胸围	—
腰围	68
臀围	96
下摆围	94
衣/裙/裤长	80
袖长	—
袖肥	—
袖口围	—
领宽	—
领深	—
领高	—
胸宽	—
背宽	—

图7-21

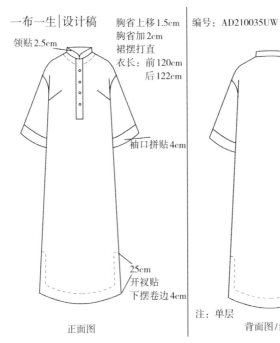

一布一生|设计稿

编号：AD19079ATM

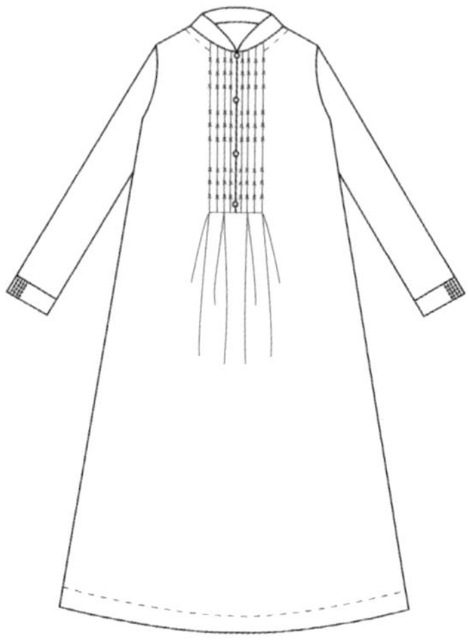

正面图

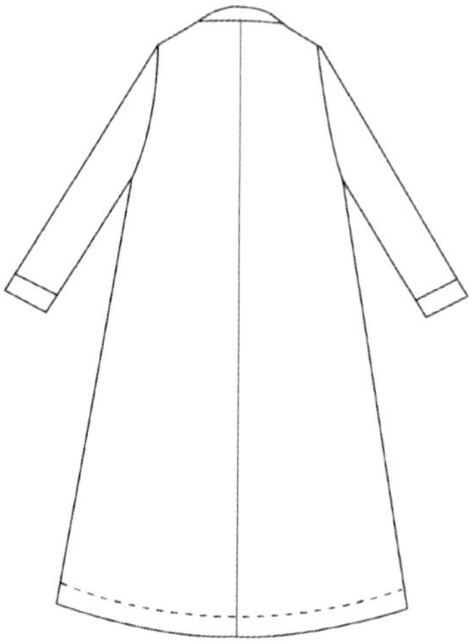

背面图/细节

头样尺码：M

单位：cm

尺寸	M
肩宽	38
胸围	105
腰围	105
臀围	—
下摆围	170
衣/裙/裤长	124
袖长	50
袖肥	34
袖口围	22
领宽	17
领深	8
领高	2.5
胸宽	—
背宽	—

图7-22

一布一生|设计稿

编号：AD21031SNM

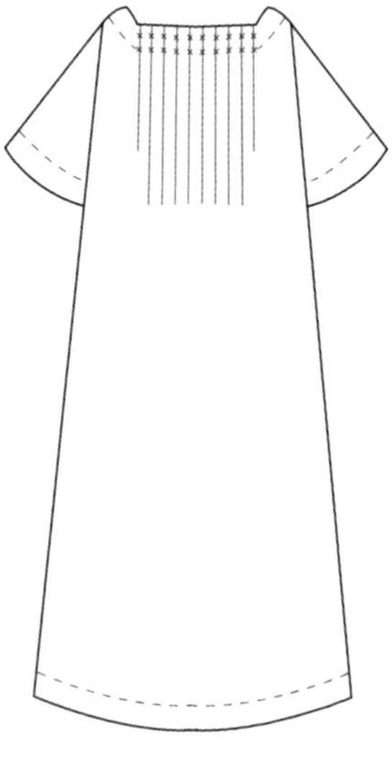

正面图

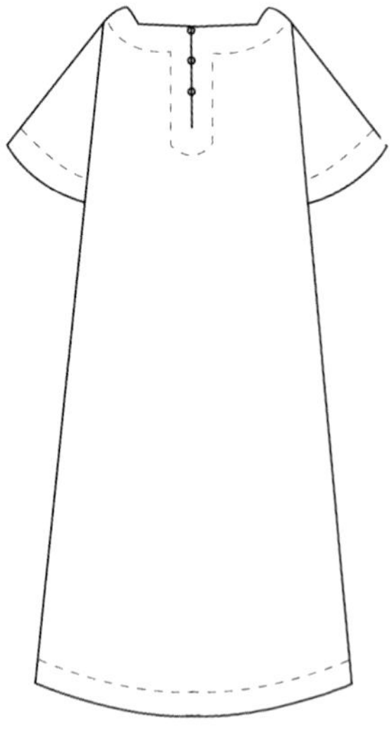

背面图/细节

头样尺码：M

单位：cm

尺寸	M
肩宽	38
胸围	105
腰围	—
臀围	—
下摆围	A型
衣/裙/裤长	112
袖长	30
袖肥	36
袖口围	45
领宽	23
领深	7
领高	—
胸宽	35
背宽	36

图7-23

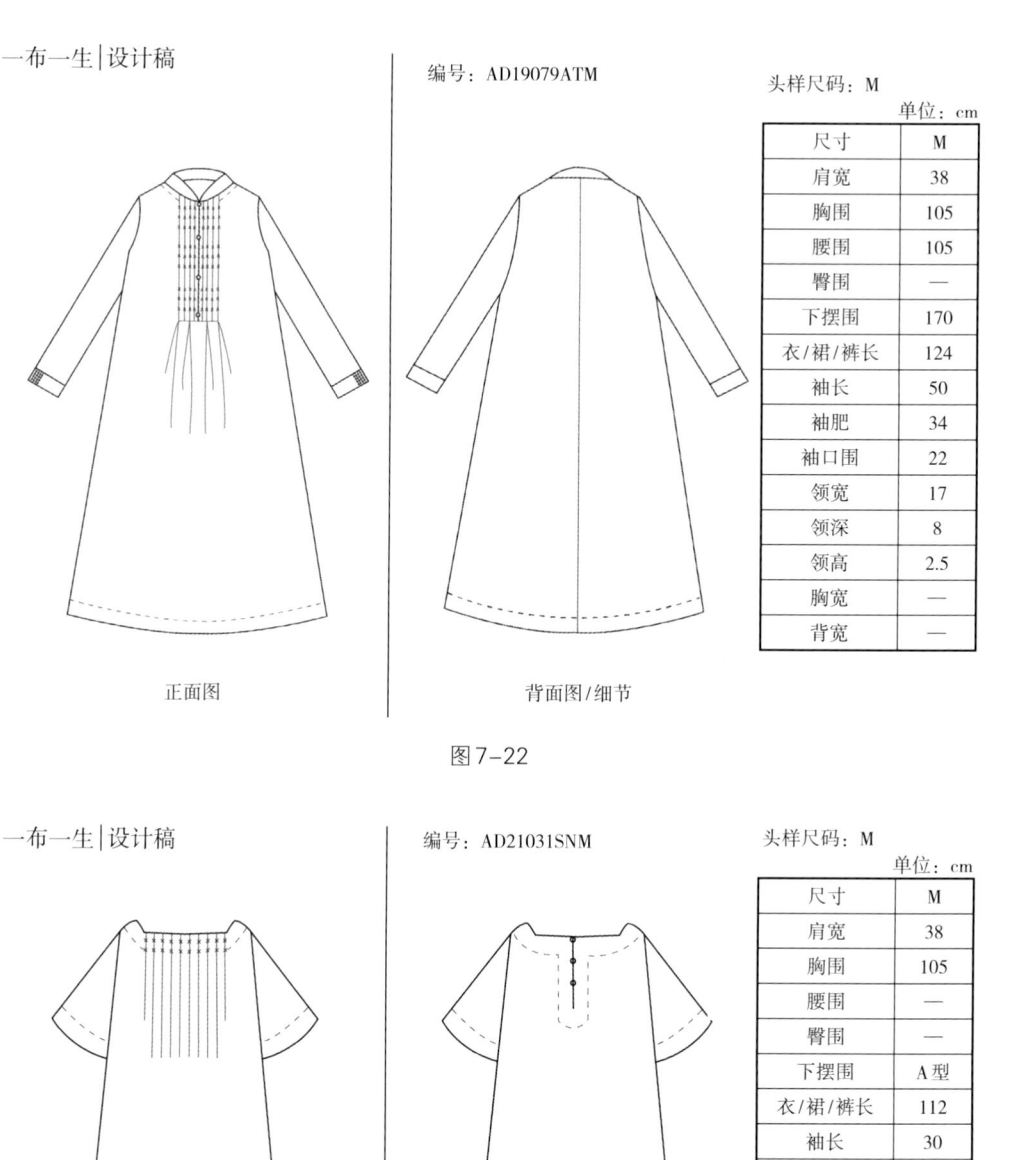

第五节 | 杭州爱唯服饰有限公司

图7-24~图7-33为杭州爱唯服饰有限公司的设计稿，以款式图及效果图的形式表达。

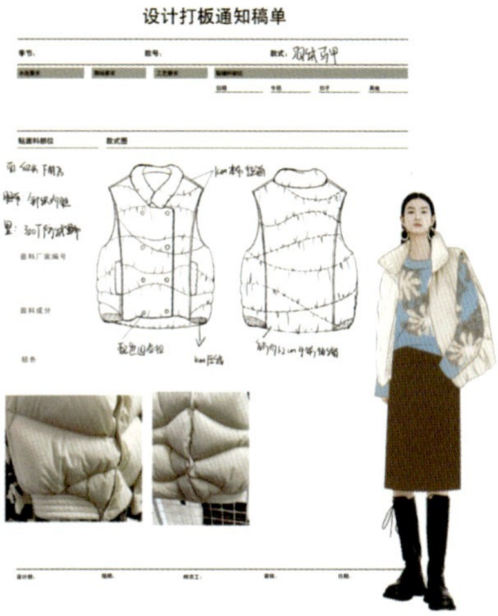

图7-24

图7-25

图7-26

图7-27

图7–28

图7–29

图7–30

图7–31

图 7-32

图 7-33

思考与练习

1. 模仿雅莹集团股份有限公司设计稿绘制效果图。
2. 模仿宁波玖岳服饰有限公司设计稿绘制款式图。
3. 模仿杭州源墨服饰有限公司设计稿手绘款式图。
4. 模仿嘉兴一布一生设计有限公司设计稿设计并绘制现代中式裙装。

第 7 章 图片作者

孙秋丹（图 7-1~图 7-7）
金雯叶（图 7-8~图 7-14）
陈君明（图 7-15~图 7-18）
彭玉晶、华燕群（图 7-19~图 7-23）
曾　宇（图 7-24~图 7-33）

参考文献

[1] 胡晓东. 服装设计图人体动态与着装表现技法[M]. 武汉：湖北美术出版社，2009.

[2] 丁香. 时装画手绘表现技法：从基础到进阶全解析[M]. 北京：北京希望电子出版社，2017.

[3] 王庆松. 时装画手绘表现技法从基础到进阶[M]. 北京：人民邮电出版社，2016.

[4] 胡晓东. 服装设计手绘效果图步骤详解[M]. 武汉：湖北美术出版社，2009.

[5] 刘元风. 服装人体与时装画[M]. 北京：高等教育出版社，1999.

[6] Bill Thames. 美国时装画技法[M]. 白湘文，赵惠群，编译. 北京：中国轻工业出版社，2003.

[7] 庞琦. 服装画技法[M]. 南昌：江西美术出版社，2004.

[8] 郑俊洁. 时装画手绘表现技法[M]. 北京：中国纺织出版社，2017.

[9] 慕轩. 时装画精品课：服装设计效果图手绘表现完全攻略[M]. 北京：人民邮电出版社，2019.

[10] 黄戈. 时装画精品课：服装设计效果图手绘表现实用教程　超值版[M]. 北京：人民邮电出版社，2021.

[11] 球里路. 服装设计师的68堂时装画必修课[M]. 北京：人民邮电出版社，2020.

[12] 张嘉秋. 时装画手绘技法全解[M]. 北京：化学工业出版社，2018.

[13] 肖维佳. 服装设计效果图手绘表现实例教程[M]. 北京：北京希望电子出版社，2019.

[14] 邹游. 解读时装画艺术[M]. 北京：中国纺织出版社，2003.

同步教学视频

编号	章	页码	名称	二维码
1	第一章	1	绪论	
2	第二章	20	直立女性人体画法	
3	第二章	21	动态女性人体画法	
4	第二章	24	直立男性人体画法	
5	第二章	25	动态男性人体画法	
6	第三章	32	脸的画法	
7	第三章	34	手的画法	

编号	章	页码	名称	二维码
8	第三章	34	脚的画法	
9	第三章	36	手绘款式图画法	
10	第三章	36	电脑款式图画法	
11	第四章	45	时装画表现技法赏析	
12	第四章	46	水彩表现技法演示	
13	第四章	51	彩铅表现技法演示	
14	第四章	54	马克笔表现技法演示	
15	第四章	62	电脑辅助表现技法演示	

编号	章	页码	名称	二维码
16	第五章	87	不同面料表现技法赏析	
17	第五章	88	皮革、裘皮	
18	第五章	91	动物仿真、蕾丝	
19	第五章	93	毛呢	
20	第五章	94	羽绒	
21	第五章	96	针织、牛仔	
22	第五章	98	格子	
23	第五章	101	迷彩	

编号	章	页码	名称	二维码
24	第五章	102	花卉、纱质	
25	第五章	105	绸缎	
26	第六章	108	考研备考作品赏析	
27	第六章	119	大赛作品赏析	
28	第六章	138	民族性与世界性的体现	
29	第七章	146	雅莹集团股份有限公司	
30	第七章	152	杭州源墨服饰有限公司	
31	第七章	156	一布一生设计有限公司	